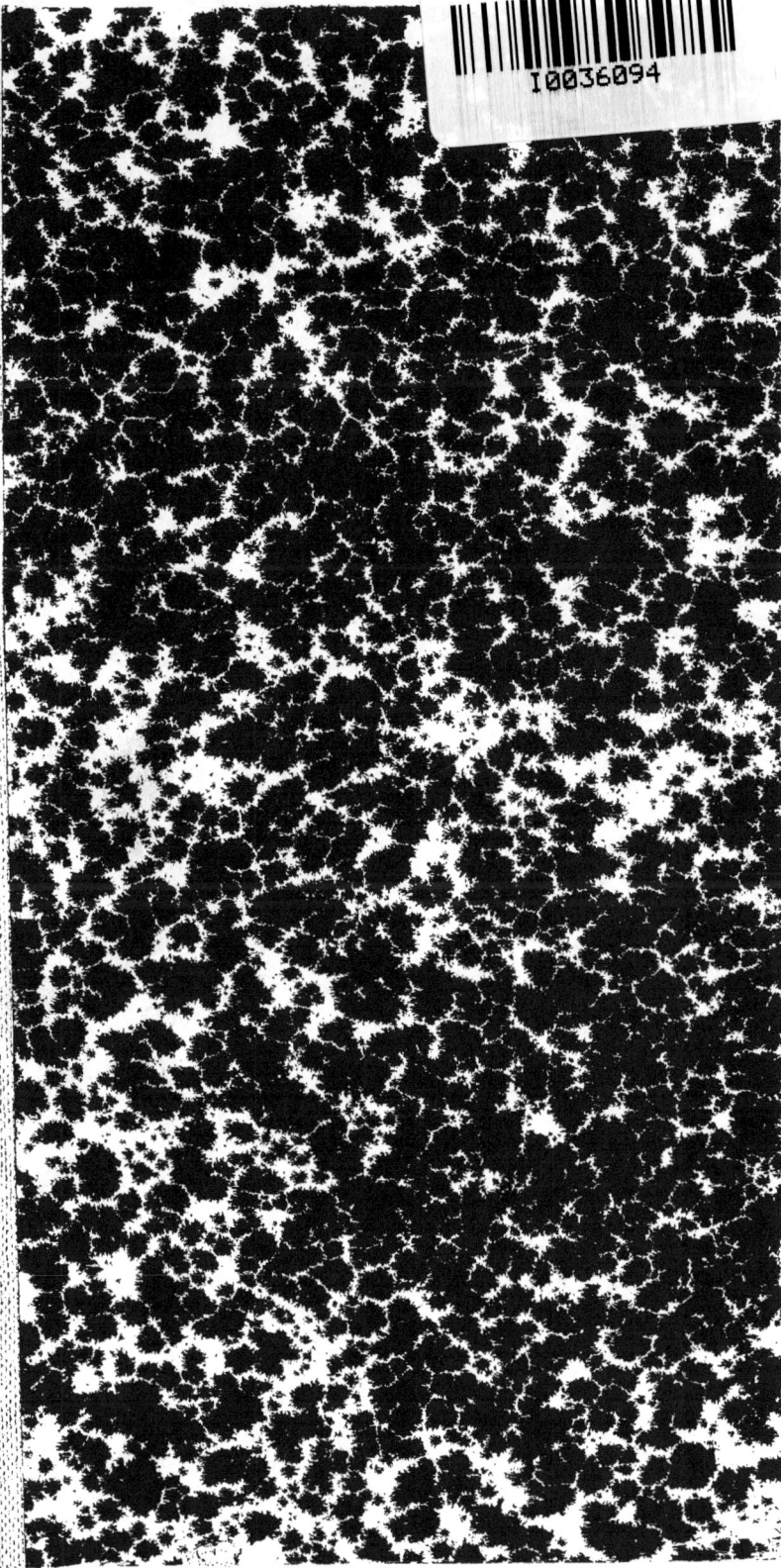

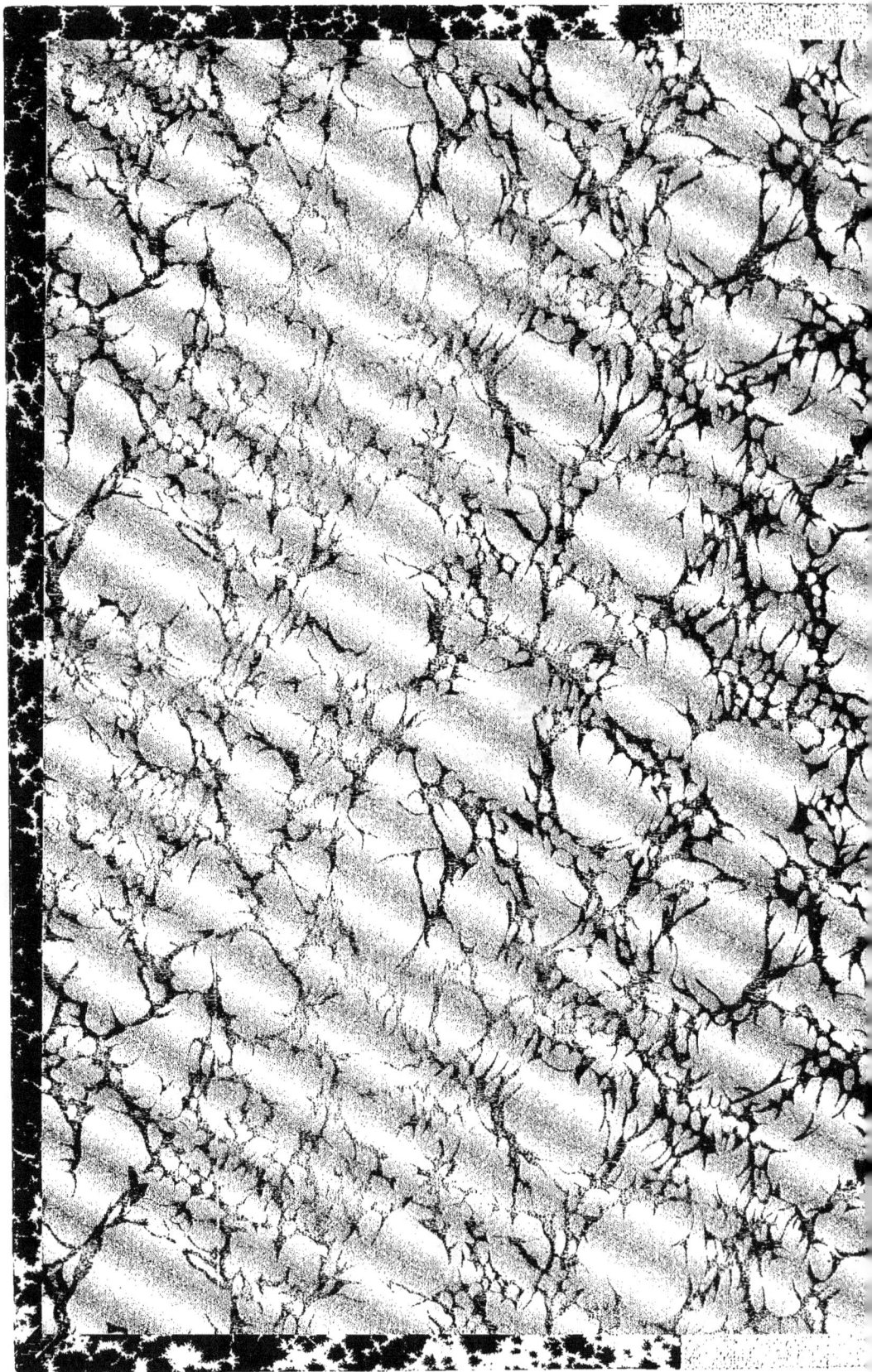

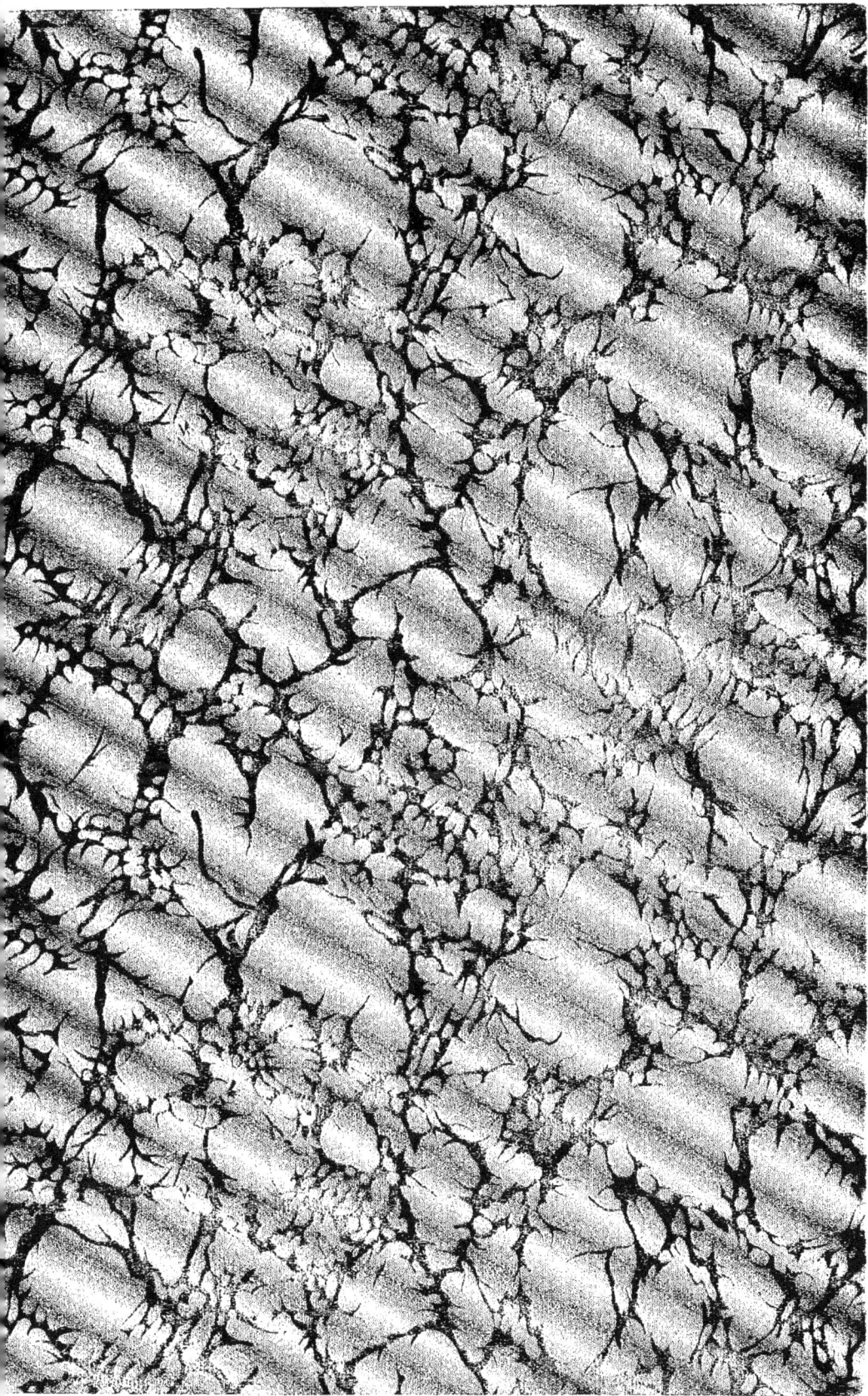

L. DEGRULLY

L'OLIVIER

Introduction de M. Ch. FLAHAULT

MONTPELLIER
COULET & FILS, ÉDITEURS
Grand'Rue, 5

PARIS
MASSON & Cⁱᵉ, ÉDITEURS
Boulevard Saint-Germain, 120

L'OLIVIER

L. DEGRULLY

L'OLIVIER

Introduction de M. Ch. FLAHAULT

MONTPELLIER

COULET ET FILS, LIBRAIRES-ÉDITEURS

5, Grand'Rue, 5

—

1907

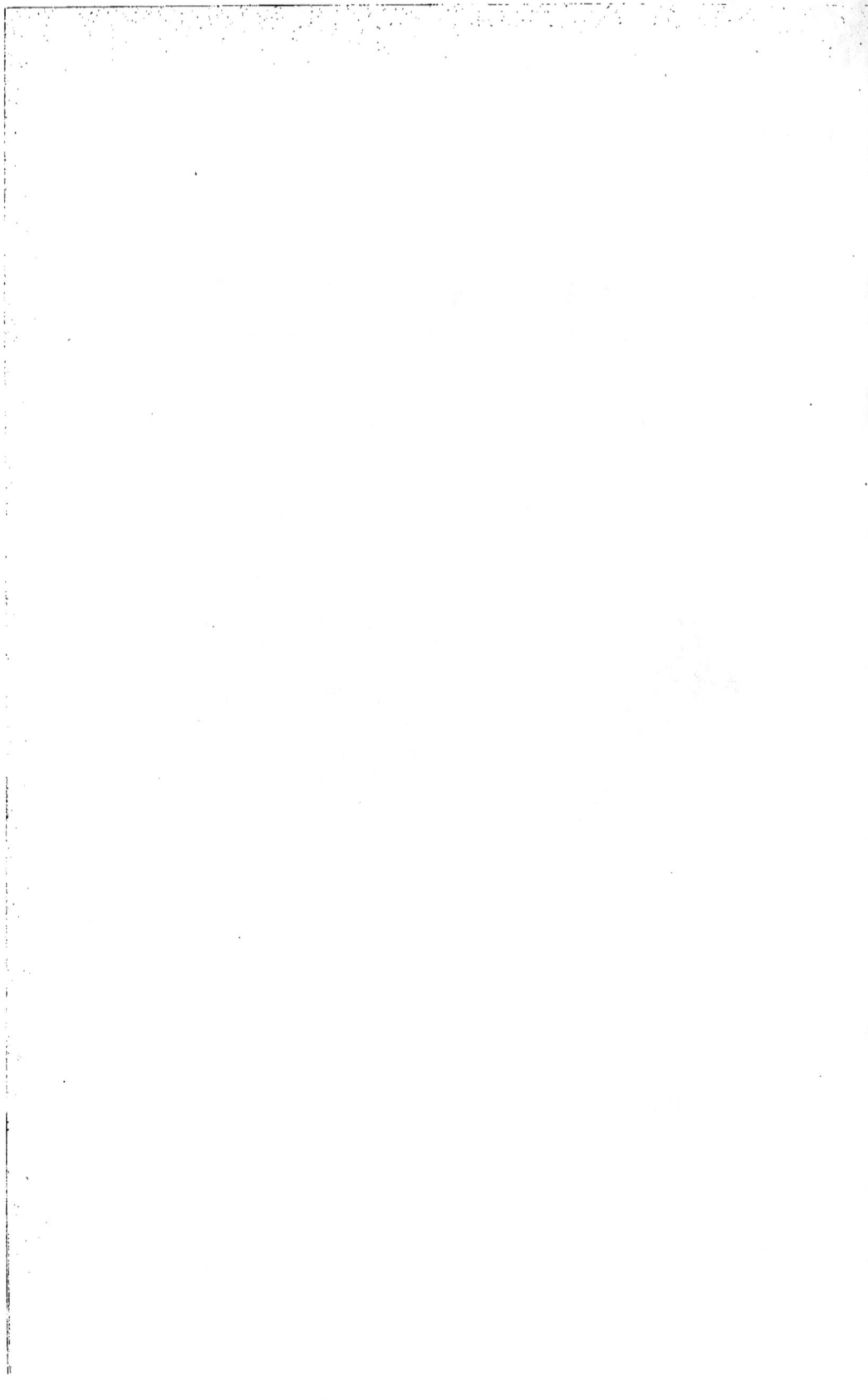

PRÉFACE

———

Il y a quelque vingt ans, nous nous étions proposé, M. Pierre Viala et moi, d'écrire un « *Traité complet de la culture de l'Olivier* » qui nous paraissait répondre à un besoin du moment. On était alors, en effet, en pleine période de reconstitution des vignobles, et la question se posait de savoir s'il ne serait pas avantageux de replanter en oliviers les terres de qualité médiocre, où la culture des vignes américaines semblait présenter de nombreux aléas.

Nous nous mîmes donc à l'œuvre et nous publiâmes, en collaboration, dans les *Annales de l'École nationale d'agriculture de Montpellier* (année 1886 et suivantes), la description des principales variétés d'oliviers du littoral français.

Heureusement, la crise phylloxérique se résolvait plus vite qu'on ne s'y attendait ; de nouveau, la vigne envahissait tout, la plaine comme les garrigues ; nous devions fatalement suivre le mouvement qui entraînait tous les propriétaires méridionaux et joindre nos efforts aux leurs en nous consacrant presque entièrement à l'étude des questions viticoles.

Mais voici qu'une nouvelle crise, moins passagère que la précédente, étreint la Viticulture tout entière et que de nouveau se dresse devant les agriculteurs le redoutable problème de l'existence ; nous nous retrouvons dans la même situation qu'il y a vingt ans, en moins bonne posture peut-être, et de nouveau l'attention se porte sur les cultures arbustives et en particulier sur celle de l'Olivier si bien adaptée au climat méditerranéen. Ne serait-il pas prudent de surseoir à l'arrachage de nos dernières Olivettes ?

Depuis l'époque déjà lointaine où nous avions mis ce travail sur le chantier, M. PIERRE VIALA, appelé sur une scène plus vaste à de hautes fonctions viticoles, s'est un peu désintéressé de la question de l'Olivier, et m'a laissé le soin de terminer et de publier l'œuvre entreprise en commun.

J'en ai considérablement réduit le programme primitif, il eût fallu trop de temps encore pour le remplir, et j'ai cherché à faire simplement un livre utile aux praticiens qui possèdent des Olivettes, ou qui voudraient en créer dans les terres où la vigne ne donne aujourd'hui que de cruelles déceptions.

J'ai cru bon d'insister surtout sur les questions relatives à la taille, aux fumures et à la lutte contre les trop nombreux ennemis de l'Olivier. La culture du «premier de tous les arbres», comme l'appelait COLUMELLE, ne peut, en effet, devenir avantageuse qu'à la condition d'en obtenir régulièrement des produits abondants; cette partie du problème n'est pas insoluble, et elle est résolue, sur quelques points de notre territoire, par nos meilleurs praticiens.

Mais il est une autre condition de prospérité, qui n'est pas moins essentielle : c'est d'obtenir des prix de vente suffisamment élevés pour être rémunérateurs.

La situation économique de l'oléiculture est précaire : la main-d'œuvre est plus chère qu'autrefois, et l'huile se vend moins bien. Sous l'influence de la concurrence des huiles de graines et aussi des huiles d'olives étrangères, les prix ont baissé de 30 à 40 pour 100 depuis trente ans. Et la «crise oléicole» ne le cède guère, en acuité, à la «crise viticole».

Il importe donc que les Pouvoirs publics, par une sage protection contre les produits étrangers, par une stricte applica-

tion des lois sur les fraudes, assurent à nos huiles d'olive
la possession du marché français : le salut de l'Olivier est à ce
prix.

Je ne saurais terminer cette note sans adresser de vifs re-
merciements à M. Ch. FLAHAULT, professeur à la Faculté des
Sciences de Montpellier, qui a rédigé la belle étude botanique
formant le premier chapitre de ce livre ; à M. le Dr TRABUT,
directeur du service botanique de l'Algérie, et à M. MINAN-
GOIN, inspecteur de l'agriculture en Tunisie, qui ont bien voulu
m'autoriser à reproduire les figures des olives qu'ils ont décrites avec tant de soin.

Montpellier, novembre 1906.

L. DEGRULLY.

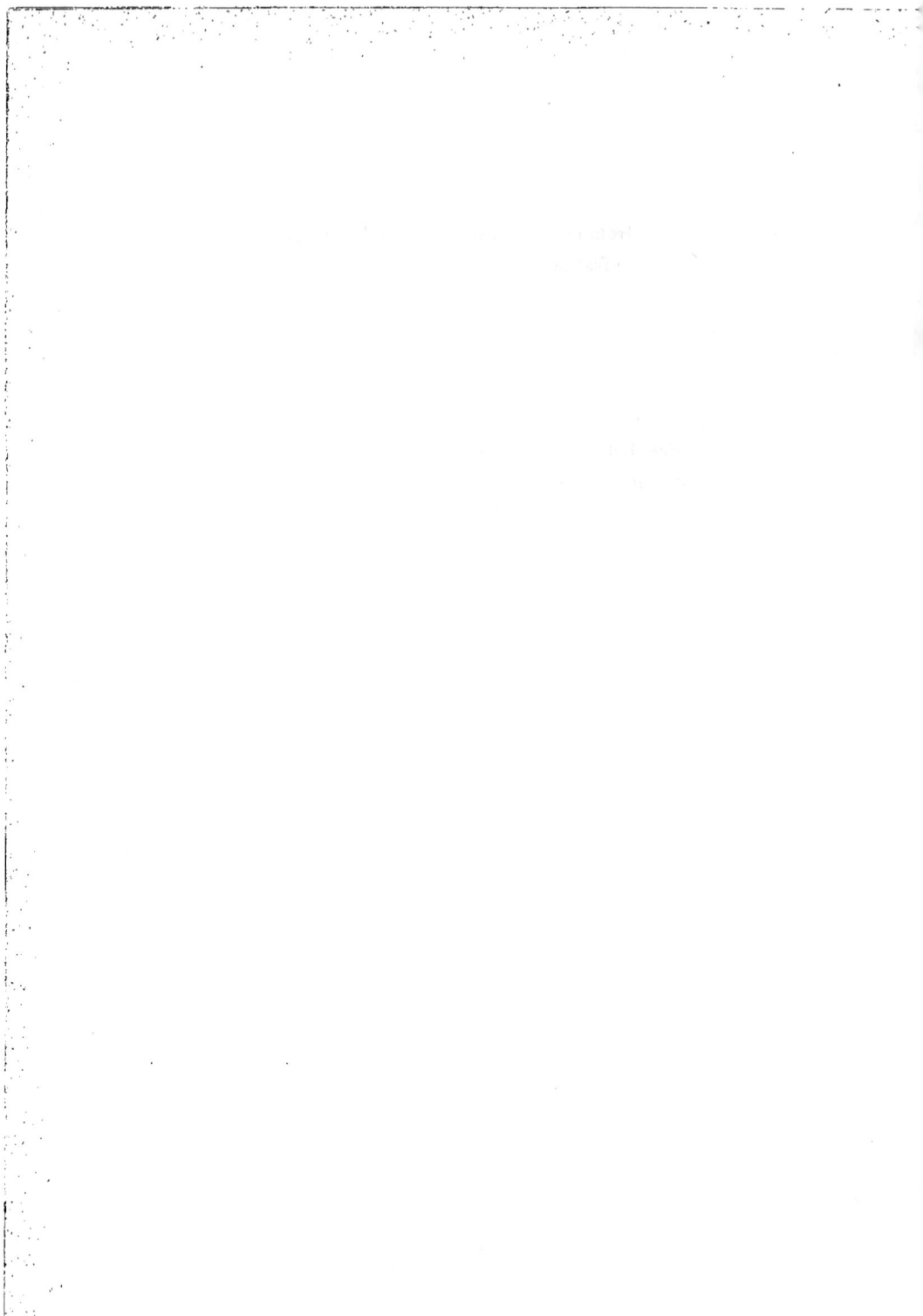

L'OLIVIER

PREMIÈRE PARTIE

LES OLÉACÉES ET L'OLIVIER

ÉTUDE BOTANIQUE DE L'OLIVIER [1]

La Botanique systématique a fait depuis quelques années de grands progrès. La morphologie extérieure de la fleur, qui suffisait presque toujours aux recherches lorsqu'il s'agissait à peu près uniquement de dresser le catalogue des plantes phanérogames et de déterminer l'ère d'extension des familles et des genres, ne satisfait plus l'ambition des botanistes. A la condition que l'on ne voulût pas faire de distinctions trop spécieuses, et tant qu'on demeurait dans la conception linnéenne de l'espèce, on rencontrait rarement une difficulté sérieuse.

Cependant quelques points particulièrement délicats appelaient de nouvelles méthodes et de nouveaux procédés d'inves-

(1) Par Ch. FLAHAULT, *in Annales de l'École nationale d'Agriculture de Montpellier*, 1886.

tigation. Moquin-Tandon interrogea les faits tératologiques ; Payer consulta la fleur avant son épanouissement pour apprendre d'elle les modifications qu'elle a subies au cours de son développement.

L'organogénie ne nous éclaire pas toujours pourtant sur l'état originel d'une fleur. L'absence d'une ou plusieurs étamines dans un cycle normal d'androcée, la disparition d'un ou de plusieurs carpelles, la position primitive des ovules dans les loges de l'ovaire, la valeur morphologique des différentes parties de la fleur, ne peuvent être déterminées sûrement par l'étude de l'organogénie.

De son insuffisance est née l'anatomie comparée de la fleur. Ses premières applications ont provoqué dans la science une véritable révolution ; les maîtres de la science, élevés dans le culte des anciennes traditions, ne tardèrent pas à reconnaître tout le parti que la connaissance des plantes devait tirer de l'application des nouveaux procédés. Il n'est plus un botaniste aujourd'hui qui ne considère la manière simple du siècle dernier comme ayant donné à peu près tout ce qu'on en peut attendre.

La connaissance de la fleur s'est dégagée, par là, des méthodes empiriques qui en arrêtaient les progrès. Les recherches qui se multiplient depuis un quart de siècle sont devenues l'*a b c* de la systématique des Phanérogames. Après être demeurés longtemps épars dans une foule de publications, les résultats en sont tombés dans le domaine classique, grâce à quelques ouvrages qui les ont réunis en corps de doctrine. Qu'il nous suffise de rappeler que, grâce aux méthodes nouvelles, le lien est désormais démontré entre les Cryptogames vasculaires (1) et les Phanérogames par l'intermédiaire des Gymnospermes.

_____

(1) Il y a, dans la science actuelle, une tendance à supprimer les dénominations anciennes pour les remplacer par des désignations plus significatives ; il nous semble qu'il y a bien des inconvénients à agir ainsi, et nous admettons, avec M. A. De Candolle, que «la désignation d'un groupe n'a pas pour but d'énoncer

Quoi qu'on semble en penser parfois, la fleur n'a pas le privilège exclusif de révéler le secret des affinités ; depuis long-temps, les botanistes les moins familiarisés avec les recherches anatomiques ont su tirer d'utiles indications de l'existence ou de l'absence de vaisseaux laticifères, de canaux oléo-résineux, de la présence ou de l'absence et de la forme des poils ; ils ont donné l'exemple aux anatomistes. Les maîtres ont donc su de bonne heure faire appel aux procédés que la science applique aujourd'hui d'une façon régulière.

Est-ce à dire que tous les caractères morphologiques et ana-tomiques doivent être consultés lorsqu'il s'agit de fixer la place d'une plante quelconque? Il convient de le dire, quelques hommes ont mal compris la pensée des adeptes de la nouvelle École. Il n'est pas question de faire entrer dans la caractéristique de chaque plante tous les caractères qu'elle peut fournir ; ce serait méconnaître le fécond principe de la subordination des caractères : il est inutile, par exemple, de demander à l'anatomie comparée de nous fournir de nouveaux liens entre les Solanées et les Scrophularinées, la morphologie externe de la fleur suffit à les établir ; mais la structure de la fleur épanouie n'est-elle pas trop souvent muette quand il s'agit de déterminer les affinités?

Qu'il suffise de rappeler ce que l'anatomie de la fleur nous a appris sur les Loranthacées et les Santalacées, sur les ovules en apparence terminaux des Composées et des Polygonées, sur la placentation centrale des Primulacées! La fleur même n'existe pas toujours ; l'anatomie comparée n'a-t-elle pas per-

---

les caractères ou l'histoire de ce groupe, mais de donner un moyen de s'entendre lorsqu'on veut en parler » (*Nouvelles remarques sur la Nomenclature botanique*, pag. 17. Genève, 1883). Il n'importe pas de remplacer le mot *Cryptogame*, bien que tout le monde sache que ce nom n'a plus aucune signification, tandis qu'il y a de grands inconvénients à appeler Bryophytes, Ptéridophytes, Archégoniatées, Spermatophytes, Cormophytes, des groupes que tout le monde connaît sous d'autres noms.

mis à M. Renault de reconstituer en partie la flore des terrains primaires?

C'est donc un fait bien établi aujourd'hui qu'on ne peut considérer l'étude de la Botanique comme confinée entre le calyce et les carpelles d'une fleur épanouie. Nous cherchons à connaître les lois de la vie ; il faut, pour y réussir, commencer par connaître l'ensemble de l'organisme ; nul n'en saurait douter.

S'il s'agit de l'application de ces principes à l'étude spéciale des Phanérogames, tous les groupes ne présentent pourtant pas le même intérêt ; il en est de si homogènes, de si conformes entre eux, qu'une espèce quelconque nous révèle à peu près l'histoire du groupe ; mais il est d'autres associations fort remarquables chez lesquelles, à côté de caractères absolument constants, on observe une extrême variabilité pour d'autres caractères. Parmi les Dicotylédones gamopétales, les Oléacées, considérées dans un sens général, c'est-à-dire en y comprenant les Jasmins, Syringas et les Frênes, constituent un sujet d'étude des plus intéressants. Réunis par la structure de leur graine, nous voyons les divers représentants de ce groupe marqués de différences profondes au point de vue de la structure de leur fleur, apétale, dialypétale ou gamopétale, de leur androcée, de leur ovaire et de leur fruit. Largement représentées dans la région méditerranéenne, à laquelle elles fournissent le premier élément de sa richesse, les Oléacées se prêtent singulièrement à l'application de quelques-uns des procédés modernes de la Botanique systématique.

Les premiers efforts qui aient été tentés pour fixer la place naturelle des Oliviers et des plantes voisines marquent déjà deux tendances opposées. Les uns, comme TOURNEFORT, LINDLEY, BRONGNIART, tiennent les Oliviers pour bien distincts des Jasmins et ne trouvent pas entre ces plantes assez de caractères communs pour les rapprocher (1). Les autres, à l'exemple de LINNÉ, les rapprochent au contraire, pour en faire, suivant l'époque et les vues spéciales de chacun, ou des membres d'un même groupe, ou des familles très voisines ; tels sont ENDLICHER, A.-L. DE JUSSIEU, VENTENAT, R. BROWN, DECAISNE.

Les deux opinions se confondent aujourd'hui ; les études morphologiques et l'anatomie comparée ont mis hors de doute que les Oléacées et les Jasminées sont en réalité très voisines; l'isolement de chacune d'elles ou leur réunion dépend uniquement de la manière dont les différents auteurs conçoivent la famille. C'est ainsi que M. EICHLER a été amené à faire des Jasminées et des Oléacées deux familles distinctes, mais formant à elles seules, parmi les Dicotylédones sympétales haplostémones, la classe des Ligustrinées (*Flora brasiliensis*, fasc. 45-46, pag. 301-328, 1868 ; *Blüthendiagramme*, I, pag. 234-245, 1875). Nous devons à ce savant d'avoir établi la nature des rapports de la corolle avec l'androcée, dont l'application avait échappé à la sagacité de BRONGNIART.

Quelques savants ont eu, de l'ensemble qui nous occupe, une conception que la science moderne a peine à s'expliquer. C'est ainsi qu'ADANSON (*Familles des plantes*, pag. 220, 1763) divise les Jasminées en trois sections : la première contient les genres *Eranthemum* (Acanthacée), *Comocladia* (Térébinthacée); les deux autres sections présentent une étonnante réunion de Verbenacées, Solanées, Loganiacées, Rubiacées,

---

(1) Suivant TOURNEFORT (*Institutiones*, pag. 599, 1719), le caractère du fruit sépare l'Olivier du Syringa d'une façon qui nous paraît d'autant plus profonde qu'il leur interpose l'Orme. LINDLEY (*Vegetable Kingdom*, 2e édit., pag. 615, 1847) fait des Oléacées la première famille de sa 46e alliance (Solanales), les Jasminées sont renvoyées aux Echiales (48e alliance) avec les Salvadoracées, sur lesquelles nous aurons nous-même à revenir. BRONGNIART trouve les affinités des Oléacées extrêmement douteuses et s'étend surtout sur les rapports très insolites de la corolle et des deux étamines. Aussi en vient-il à placer les Jasminées à côté des Globulariées d'après la structure du fruit, tandis que les Oléinées rentrent dans sa classe des Diospyroïdées.

Pénéacées, Plantaginées ; il serait difficile d'imaginer une
association plus hétérogène. Par contre, le Frêne en est éloi-
gné, pour prendre place à côté des Cistes.

Laissant de côté cette manière de voir, absolument aban-
donnée aujourd'hui, nous nous trouvons donc en présence de
deux opinions relativement aux Oléacées et aux Jasminées.
M. EICHLER s'est fait, dans la période contemporaine, le défen-
seur de la distinction de deux familles. M. VAN TIEGHEM adopte
cette opinion, en attribuant aux deux groupes la valeur d'une
tribu : il leur adjoint même les Salvadoracées (*Traité de Botanique*, pag. 1547). MM. BENTHAM et HOOKER vont plus loin
encore, car les Jasminées, les Fraxinées, les Chionanthées et
les Syringées deviennent pour eux autant de tribus ayant la
même valeur vis-à-vis de l'ensemble (*Genera Plantarum*, II,
pag. 672, 1876). Ces différences d'appréciation, plus apparentes que réelles, résultent, nous l'avons déjà dit, de l'importance relative que chacun croit devoir accorder à la famille.
L'équilibre qu'il convient d'établir à cet égard entre les divers
groupes végétaux nous détermine à la concevoir dans un sens
plus synthétique que ne l'ont fait TOURNEFORT, JUSSIEU, LIND-
LEY et BRONGNIART, et nous chercherons à nous pénétrer des
caractères généraux des Oléacées, en y comprenant les Jasminées.

Après avoir étudié l'ensemble de leurs caractères, il nous
sera facile de reconnaître dans quelle mesure il convient de
les associer ou de les distinguer en groupes secondaires.

Les *caractères essentiels* des plantes dont nous nous occu-
pons sont fournis par l'androcée et par le gynécée. L'androcée
est à peu près invariablement composé de deux étamines alternes avec les carpelles, rarement de quatre étamines insérées
sur le tube de la corolle, ou unissant les pétales deux par
deux, ou hypogynes lorsque la corolle manque. Le gynécée
est, sans exception, formé de deux carpelles soudés, à placentation axile, en croix avec les deux étamines. Le calyce et
la corolle sont au contraire très variables, tous deux manquent

parfois, ou bien l'un ou l'autre de ces deux cycles avorte plus ou moins complètement, ou bien la corolle est dialypétale (*Hesperelæa*), ou presque dialypétale (*Fontanesia*), ou nettement gamopétale (*Syringa*). C'est l'ensemble de ces caractères que LINNÉ avait saisi avec sa sagacité habituelle lorsqu'il comprenait dans sa Diandrie Monogynie tous les genres alors connus que nous groupons maintenant sous la dénomination d'Oléacées.

Cependant de réelles difficultés apparurent bientôt. On remarqua que les Jasmins ont une corolle à préfloraison imbriquée, tandis que les Oliviers ont une préfloraison valvaire; que les premières ont des anthères basifixes, que celles des secondes sont dorsifixes; que l'ovule est ascendant chez les Jasmins, pendant chez les Oliviers; que l'albumen est très réduit ou uni lors de la maturité chez les premières, alors que la graine des secondes est pourvue d'un albumen charnu. On insista sur ce fait que les étamines des Jasmins sont antéro-postérieures par rapport à l'axe de l'inflorescence, tandis qu'elles sont situées à droite et à gauche chez les Oliviers. Les anthères elles-mêmes, très courtes dans les Oléinées, s'ouvrant latéralement, ont paru bien différentes des anthères des Jasminées, oblongues, linéaires, souvent apiculées, et à déhiscence interne. Le stigmate enfin, obéissant aux lois de la symétrie florale, est en croix avec les étamines, c'est-à-dire que ses lobes sont antéro-postérieurs chez les Oliviers, latéraux chez les Jasmins.

Ces différences ont paru assez importantes pour légitimer la séparation des deux types et l'établissement de deux familles.

On n'a pas manqué non plus d'invoquer à l'appui de cette distinction un caractère d'ordre tout différent, et de faire valoir, au profit de la séparation en deux familles, des phénomènes anatomico-physiologiques. C'est ainsi qu'on a cru pouvoir dire que la nécessité de distinguer les Oléacées des Jasminées ressort de ce fait, bien connu dans la pratique horticole, que les *Syringa, Fraxinus, Chionanthus, Fontanesia, Phillyrea* et *Olea* se greffent sans grande difficulté les uns sur les autres, tandis que les vraies Jasminées ne se greffent jamais sur les Oléacées proprement dites. On a insisté tout particulièrement encore sur cet autre fait que la cantharide dévore les Frênes, puis les Lilas, les Troënes et au besoin les Oliviers, sans jamais s'attaquer aux Jasmins ; que la chenille du *Tinea syringella* se nourrit du parenchyme des feuilles des Lilas, Frênes, *Fontanesia, Forsythia* et *Ligustrum*, en respectant toujours celles des Jasminées.

C'était aller chercher bien loin la réponse à une difficulté réelle, c'était surtout demander cette réponse à des procédés peu scientifiques ; sans doute, la sélection opérée par la mandibule des insectes peut être fort rigoureuse, mais nous avons aujourd'hui des moyens directs d'arriver à la solution du problème.

M. Van Tieghem, le premier, chercha à se rendre compte de la structure intime de la fleur dans plusieurs espèces de ce groupe ; car, disons-le de suite, la tératologie n'a pas jeté la moindre lumière sur la structure comparée des Jasminées et des Oléacées.

Ce savant a particulièrement étudié l'anatomie de la fleur du *Forsythia viridissima* (*Recherches sur la structure du pistil* ; Mémoires des Savants étrangers, 1871, pag. 197-198 et Pl. XIV-XV). Il a reconnu l'indépendance originelle de toutes les parties de la fleur, chaque cycle correspondant à une série de faisceaux indépendants ; la concrescence plus ou moins grande des diverses parties entre elles est donc purement parenchymateuse. Les étamines sont presque toujours au nombre de deux, alors qu'il existe quatre sépales et quatre pétales. Dans le *Jasminum officinale*, où rien ne révèle au dehors une particularité quelconque, le même savant a découvert l'existence de quatre faisceaux staminaux ; deux d'entre eux correspondent effectivement à des étamines ; les deux autres se perdent sans rien produire. Des circonstances pourraient se produire où ces

étamines avortées se développeraient plus ou moins complètement à l'extérieur.

M. EICHLER, de son côté, démontrait, quelques années plus
tard, que le calyce des Oléacées (*sensu stricto*) est toujours
formé de deux cycles décussés (*Blüthendiagramme*, I, pag.
236-241, 1875) ; l'extérieur a ses feuilles d'ordinaire plus larges que l'interne ; chez les Jasminées, le calyce serait formé
d'un seul cycle de sépales, à part de rares exceptions (*Jasminum nudiflorum*) ; il y a pourtant dans la symétrie florale une
différence plus grande encore : chez les Oléacées, les étamines
correspondent aux sépales internes, les carpelles aux sépales
externes ; c'est l'inverse chez les Jasminées normales. Ainsi, le
plan des étamines des premières est perpendiculaire au plan
passant par l'axe des étamines des Jasminées. Diverses raisons permettent du reste de considérer comme très vraisem-
blable que la corolle est formée de deux cycles hétéromères,
l'extérieur polymère, l'interne constamment dimère, qui dans
le *Jasminum nudiflorum* alternerait avec les étamines.

Telles sont, en somme, les raisons qui déterminent M.
EICHLER à tenir les Jasminées et les Oléacées pour deux familles distinctes, mais très voisines. C'est là, nous le répétons, un
point secondaire, que des convenances d'un autre ordre nous
font envisager autrement.

Nous considérons, avant tout, que les Phanérogames ont été
trop dissociées en groupes secondaires, qu'on a depuis quelques années trop insisté sur leurs différences, et qu'il importe
enfin que la notion de famille soit la même, qu'il s'agisse de
Phanérogames ou de Cryptogames.

Reprenant donc, après cette discussion, l'étude des Oléacées
dans le sens large, examinons maintenant l'ensemble de leurs
caractères, et, pour procéder suivant le mode habituel, étu-
dions d'abord l'inflorescence et la fleur.

L'*inflorescence* des Oléacées est généralement une cyme
dichotome ou une panicule à ramifications plus ou moins con-
centrées, centripètes ou centrifuges.

Nous avons vu plus haut que la symétrie florale est très caractéristique. L'orientation de la fleur par rapport à l'axe qui la porte avait longtemps échappé aux observations, elle paraissait fort variable ; M. EICHLER (*loc. cit.*, p. 235) a montré qu'elle est liée de la façon la plus étroite à l'existence et à la position de deux bractées ou préfeuilles qui sont les premières productions de tous les rameaux floraux. Le premier cycle calycinal leur est toujours perpendiculaire ; la fleur de l'Olivier est orientée, comme si elle possédait des préfeuilles, bien que ces productions lui fassent défaut en réalité ; on peut alors, ce me semble, les considérer comme avortées, tandis que dans le *Fraxinus dipetala* leur place n'est même pas seulement indiquée. Sauf ces rares exceptions, la disposition variable du pistil et de l'androcée des Oléacées paraît dépendre uniquement du développement des préfeuilles.

La *Fleur* est toujours actinomorphe, le plus souvent hermaphrodite, rarement polygame ou dioïque (*Fraxinus, Forestiera*).

Le *Calice*, nul dans les *Fraxinus* de la section *Brumelioides* et dans quelques *Forestiera*, est ordinairement dialysépale. petit, campanulé, le plus souvent tétramère, parfois pentamère et alors à sépale médian antérieur, quelquefois hexamère. Il existe, dans tous les cas, des différences faibles entre les deux cycles calycinaux.

La *Corolle*, le plus souvent gamopétale hypocratériforme ou campanulée, est parfois dialypétale ; c'est un phénomène de concrescence purement parenchymateuse ; on trouve dans plusieurs cas les pétales concrescents sur les côtés en face des étamines et profondément séparées ou libres en avant et en arrière (*Fontanesia, Loniciera, Hotolæa*). La corolle est formée de 4 pétales ordinairement en croix avec les sépales et par conséquent en diagonale par rapport à l'axe de la fleur. Elle n'a exceptionnellement, dans *Fraxinus dipetala*, que deux pétales qui correspondent aux sépales externes. La corolle manque même complètement dans les *Olea* section *Gymnelæa*

et dans les *Fraxinus* sections *Melioides* et *Brumelioides* d'Endlicher. M. EICHLER a même observé fréquemment des fleurs
mâles de *Fraxinus Ornus* sans corolle.

Les modifications que nous venons de signaler dans la corolle des Oléacées sont fécondes en précieux enseignements.
Ces deux faits que la corolle dipétale du *Fraxinus dipetala*
est opposée au cycle externe du calyce, que les deux étamines
sont toujours opposées au cycle interne du calyce, paraissent
un argument très sérieux en faveur de l'hypothèse qui voit
dans beaucoup de familles dicotylédones une corolle monocy-
clique opposée à un calyce dicyclique. Cette interprétation ne
laisse pas de place au doute dans le *F. dipetala*; mais là
même où il y a 4 pétales, la position relative des étamines est
la même : or, s'il y avait deux cycles à la corolle, la symétrie
florale exigerait que les pétales fussent opposés aux sépales
externes, ce qui n'arrive jamais.

Dans toutes les autres plantes de la famille, nous trouvons
4 pétales, mais la disposition relative des autres parties n'est
aucunement modifiée. Le *Fraxinus dipetala* répondrait donc
au schéma de la structure florale chez les Oléacées et pourrait s'exprimer par la formule S2+2, P2, E2, C2.

Le terme P2 serait remplacé par P4 dans les *Syringa*,
Olæa europæa, etc. : il n'y a pas de dédoublement; cette hypothèse est incompatible avec les lois de la symétrie florale,
car dans ce cas l'étamine correspond à la nervure médiane
d'un pétale dédoublé.

Lorsque la corolle manque, il y a simplement avortement
normal ou accidentel suivant les cas; la symétrie générale de
la fleur n'en est aucunement troublée.

L'*Androcée* est caractéristique, nous le savons. Il est presque toujours formé de deux étamines, toujours opposées au
cycle calycinal interne. C'est le cas de l'Olivier cultivé, où
cette disposition est d'autant plus facile à observer que les
étamines sont relativement très grandes. L'alternance régulière et constante de l'androcée avec les carpelles et avec la

corolle dimère du *Fraxinus dipetala* l'absence de toute trace d'autres étamines constatée dans plusieurs espèces par M. VAN TIEGHEM, paraissent prouver que cette dimérie de l'androcée est normale.

Le *Tessarandra Fluminensis* Miers fournit pourtant une remarquable exception. Cette plante brésilienne possède 4 étamines alternes avec les 4 pétales. On ne peut donc admettre un dédoublement de deux étamines, mais bien un cas de tétramérie normale. Ainsi l'androcée, ordinairement dimère, peut être tétramère comme la corolle; mais ce n'est là, il faut bien le retenir, qu'un cycle staminal unique, la position toujours la même des carpelles le démontre; ils correspondent invariablement aux sépales externes, tandis qu'ils devraient nécessairement alterner avec eux si les deux étamines antéro-postérieures du *Tessarandra* appartenaient à un nouveau cycle alterne avec les deux étamines latérales.

Il n'est pas sans intérêt de rappeler ici l'observation faite par M. VAN TIEGHEM sur le *Jasminum officinale* : à côté des deux faisceaux correspondant aux deux étamines, il en a trouvé deux autres qui correspondent, selon lui, à deux étamines complémentaires. On peut admettre que ces deux étamines, avortées chez la plupart des Oléacées, se sont développées dans le *Tessarandra*.

Cette tétramérie de l'androcée, réalisée parfois, donne beaucoup de force à l'opinion de GARDNER et WIGHT (*Calcutta Journal of natur. history*) relativement aux Salvadoracées. Ces savants, sans connaître le cas du *Tessarandra*, rapprochaient ces plantes des Oléacées et des Jasminées. M. PLANCHON (*Annales des Sc. natur.*, Botan., 3ᵉ sér., X, pag. 189) accepte avec quelque hésitation ce rapprochement, que la connaissance plus complète de la morphologie florale légitime pleinement aujourd'hui. Le *Tessarandra* fournit le terme de passage qui manquait à l'époque où M. PLANCHON s'occupait des Salvadoracées.

Les *Anthères* sont ordinairement introrses, grandes, ova-

les, oblongues, dorsifixes ; elles sont extrorses dans le *Lino-
ciera* ; les anthères ont une déhiscence longitudinale.

Le *Gynécée* est *invariablement* formé de deux carpelles en
croix avec les deux étamines et opposés aux sépales externes.
Ils s'unissent en un ovaire à deux loges, à placentation axile.
Chaque loge renferme ordinairement deux ovules collatéraux,
dont l'un avorte souvent. Les lobes du stigmate correspondent au milieu des carpelles.

Les ovules sont anatropes ou semi-anatropes, pendants à
raphé externe (Oléacées *sensu stricto*) ou ascendants à raphé
interne (Jasminées) ; on trouve exceptionnellement 3-10 ovules dans les *Forsythia*, un seul par avortement dans quelques
Jasmins. Les ovules sont monochlamydés.

Le style est ordinairement court ne dépassant pas ou dépassant à peine la corolle, surmonté d'un stigmate épais ou ca-
pité, le plus souvent bifide au sommet. A cette occasion, il
n'est pas sans intérêt de mentionner les observations de
M. R. PIROTTA sur le dimorphisme floral du *Jasminum revo-
lutum* ; ce savant a constaté que cette plante a des fleurs lon-
gistyles et des fleurs brévistyles (*Rendic. del. R. Instit. Lombardo*, sér. II, XVIII, 1885). Il y a tout lieu de penser que les
difficultés que présente la spécification de quelques plantes
de la famille qui nous occupe résultent de ce qu'on a méconnu
ces phénomènes de dimorphisme ; c'est du moins ce qui semble résulter des observations de DARWIN, de M. ASA GRAY
et de M. Th. MEEHAN sur les *Forsythia* (*Proceedings of Acad.
of. natur. Sc. of Philadelphia*, 1883, pag. 111).

Les nectaires, lorsqu'il en existe, ne forment jamais un
disque. Dans les Jasmins, les Troënes et les *Syringa*, le parenchyme de l'ovaire est saccharifère sur toute sa surface externe, sans qu'il y ait d'ailleurs de différenciation spéciale
du tissu.

Rappelons incidemment que les Frênes sont particulièrement sujets au phénomène de la miellée ; on sait que c'est une
simple exsudation, à la surface des feuilles, d'un liquide sucré

qui s'échappe des tissus à la faveur de la transpiration très active (BONNIER, *Les Nectaires*, *Annales des Sc. natur.*, Botan., 6ᵉ sér., t. VIII, 1879).

Le *Fruit* présente des variations dont l'importance a été diversement appréciée suivant l'époque et l'état de la science. Au temps où la morphologie externe fournissait seule des caractères, le fruit, avec ses différentes formes, paraissait avoir une importance capitale; on sait maintenant que son origine est toujours la même, que ses différences sont superficielles, et on préfère considérer des caractères plus importants et plus durables. Quoi qu'il en soit, l'ovaire dicarpellé devient une capsule loculicide dans les *Syringa* et les *Forsythia*, une capsule septicide dans les *Nyctanthes*, une samare dans les *Fraxinus* et *Fontanesia*; les téguments s'épaississent pour former une baie dans les Troënes et les Jasmins, et, comme un seul ovule se transforme en graine dans les *Olea*, *Phillyrea* et *Chionanthus*, le fruit y devient une drupe.

Le *Fruit* renferme 2 à 4 graines, réduites le plus souvent à une seule, lors de la maturité, par avortement d'une partie des ovules; elles sont dressées ou pendantes, suivant l'insertion des ovules.

L'embryon, droit, a presque toujours une radicule courte, plus ou moins cachée entre les cotylédons, quelquefois aussi longue que les cotylédons, et une gemmule à peine indiquée.

Les réserves nutritives dont l'embryon dispose sont en relation avec le développement des cotylédons. Toutes les Oléacées (*sensu stricto*) sont pourvues d'un abondant albumen cellulosique et chargé de matières grasses, jamais amylacé, comme ENDLICHER le dit par erreur (*Genera Plantarum*, p. 572, sub *Olea*); il renferme des albuminoïdes, des grains d'aleurone polyédriques, avec de beaux cristaux d'oxalate de chaux, des globoïdes et des cristalloïdes (PIROTTA, *Sulla struttura del seme nelle Oleacee*, Rendic. del R. Instit. Lombardo, sér. II, XVI, 1883); chez ces plantes, l'embryon a des cotylédons foliacés, ovales ou oblongs. L'albumen manque chez les Jasminées, qui ont au contraire des cotylédons épais et charnus ; l'absence d'albumen est, nous l'avons vu, l'un des caractères auxquels on attache le plus d'importance pour la distinction des deux groupes. Cependant, maintenant que nous savons le peu d'importance qu'a, au point de vue physiologique, l'existence ou l'absence d'albumen dans la graine mûre, il convient, plus que jamais, d'admettre l'opinion déjà ancienne de VENTENAT (*Tableau du règne végétal,* II, p. 282, an VII) relativement à la prudence avec laquelle il convient d'appliquer les caractères tirés de l'albumen.

Lors de la germination, les cotylédons sont toujours épigés, durables et fonctionnent comme feuilles après l'épuisement de leurs réserves. Ils présentent, dès le début de la germination, la structure normale des feuilles ; la disposition des tissus en est nettement bifaciale.

Est-il besoin, après ces renseignements, d'insister sur l'anatomie des Oléacées considérées dans le sens étendu où nous les envisageons? Nous ne le pensons pas. La morphologie florale nous paraît avoir suffisamment précisé les caractères de l'ensemble et nous avoir montré d'une manière satisfaisante ses affinités.

D'ailleurs, si nous consultions la structure anatomique, nous observerions très vite que les Oléacées ont la structure la plus commune chez les végétaux ligneux. Nous devons donc nous attendre à ce que l'étude anatomique nous donne peu de résultats utiles. M. VESQUE a pourtant donné la diagnose anatomique des Oléacées *sensu stricto* (*Annales des Sc. natur.*, Botan., 7ᵉ série, I, p. 278, 1885).

«Poils tecteurs rares, ordinairement réduits à de petites papilles unicellulées, rarement plus développées, unisériés pauci-cellulés ; poils glanduleux, sessiles, capités, à tête divisée verticalement ou en écusson pluri-multicellulé. Stomates entourés de plusieurs cellules épidermiques irrégulièrement disposées, très rarement et par accident, de deux cellules parallèles à l'ostiole, ordinairement plus grands que les cellules environnantes. Cristaux aciculaires non orientés, très petits, rarement mêlés à des formes lamellaires, prismatiques ou octaédriques, très répandus dans les tissus, fréquents dans l'épiderme. Laticifères et autres glandes internes nuls».

Il nous paraît utile de retenir que les Jasminées ont des poils granduleux capités, à tête uni-pluricellulaire, peu différents de ceux des Oléacées. Quant aux autres caractères, ils sont aussi communs que possible entre les deux groupes.

Puisque la morphologie et le développement de la fleur nous ont à peu près appris tout ce que nous pouvions espérer au sujet des Oléacées, il ne serait pas nécessaire, ce nous semble, d'énumérer des caractères anatomiques qui n'offrent rien de particulier. On y a pourtant attaché une importance si grande depuis quelques années, que nous n'hésitons pas à mettre en relief les efforts tentés pour tirer de l'anatomie comparée des éléments nouveaux pour la distinction et la diagnose du groupe.

Commençant par la *racine*, on sait que l'accroissement terminal de cet organe s'opère chez les Oléacées suivant le mode le plus fréquent chez les Dicotylédones. La radicule présente, dès l'origine, des initiales propres au cylindre central, à l'écorce et à l'épiderme avec la coiffe. A cet égard, il n'y a aucune différence entre les Oléacées et les Jasminées (Voy. FLAHAULT, *Recherches sur l'accroissement terminal de la racine*, Annales des Sc. natur., Botan., 6ᵉ série, VI, 1878).

M. L. OLIVIER (*Annales des Sc. natur.*, Botan., 6ᵉ série, XI, 1881) a étudié l'appareil tégumentaire de la racine des *Ligustrum* et *Fraxinus*. L'écorce primaire en est épaisse ; l'assise pilifère, très régulière, est bientôt remplacée par l'assise épidermoïdale sous-jacente dont les éléments s'épaississent. L'écorce est vaguement séparée en deux zones. Les éléments de l'endoderme conservent leurs parois minces. Le péricycle est formé au début par une assise de grandes cellules à parois blanches et cellulosiques. Tout le tissu cortical se subérifie et s'exfolie, à l'exception de l'endoderme, qui sera détruit lui-même et exfolié par l'apparition des formations secondaires. Elles apparaissent de part et d'autre du péricycle, qui forme, vers l'extérieur, un épais manchon de liège sans cesse régénéré; vers l'intérieur, un parenchyme secondaire à accroissement restreint qui limite une zone de fibres libériennes très épaisses. Les faisceaux libéro-ligneux de la racine ne présentent aucune particularité digne d'être signalée ; les éléments ligneux et libériens sont généralement étroits.

La *Tige* des Oléacées est le plus souvent ligneuse dressée. Quelques-unes sont volubiles à droite et grimpantes (*Jasminum*). quelques autres sont herbacées.

La structure anatomique de cet organe a fait l'objet de bien des recherches particulières depuis quelques années. Nous avons tenu à les contrôler nous-même, dans l'espoir d'arriver à reconnaître si la tige des Oléacées peut fournir des caractères intéressants pour la distinction du groupe entier ou de ses subdivisions. Il nous a été impossible d'en trouver. On peut, dès l'abord, faire remarquer qu'il n'existe pas, entre les vaisseaux de différents âges, de différences notables de diamètre; il y a une grande uniformité dans la nature et l'épaisseur des éléments du bois, de sorte que les couches annuelles sont assez difficiles à reconnaître.

Que l'on choisisse un rameau lignifié de *Fraxinus excelsior*, comme l'a fait M. L. OLIVIER (*Annales des Sc. natur.*, Botan., 6e série, XI, 1881), ou un rameau de même âge d'Olivier, de Troène, ou d'Alaterne, on n'observera que des différences insignifiantes dans la structure de la tige. Au-dessous de l'épiderme appuyé de quelques assises scléreuses, on trouve une couche subéreuse, puis une couche parenchymateuse renfermant de la chlorophylle et de l'amidon. Cette couche plus ou moins développée s'appuie sur des fibres libériennes qui ne diffèrent pas de celles de la racine.

MM. SANIO, RUSSOW et KOHL ont successivement étudié le

bois au point de vue de la structure histologique. Ils ont fait connaître quelques particularités dignes d'être signalées.

C'est ainsi que M. SANIO a reconnu, dans les trachées de l'Olivier, des perforations qui les mettent normalement en continuité les unes avec les autres, comme on l'a observé dans un grand nombre de vaisseaux à parois obliques (trachéides). Quand les vaisseaux ponctués confinent directement à des fibres sclérenchymateuses, elles n'ont ordinairement pas de ponctuations sur leurs surfaces de contact ; M. SANIO en a trouvé dans l'Olivier, quoique moins nombreuses que lorsque les vaisseaux sont en contact avec d'autres vaisseaux.

Les rayons médullaires sont formés de une à trois couches de cellules parenchymateuses étroites; la moelle est homogène, formée de cellules à parois épaisses.

Dans l'*Olea americana*, M. KOHL a observé des vaisseaux ligneux de deux sortes : les uns larges avec des ponctuations petites et étroites, les autres étroits avec de larges ponctuations. La moelle y est aussi exceptionnellement hétérogène, les cellules externes étant beaucoup plus épaisses que les cellules internes.

Les *Feuilles* des Oléacées sont opposées, très rarement alternes (quelques Jasmins) ou verticillées, simples ou paucifoliolées pennées, entières ou dentées, toujours dépourvues de stipules, sauf dans les Salvadoracées, où l'on trouve des stipules filiformes. L'organogénie démontre pourtant, suivant M. PIROTTA, que l'opposition des feuilles est plus apparente que réelle, car les deux protubérances foliaires ne sont pas contemporaines ; l'une d'elles a un développement supérieur à celle qui lui fait face, et elles ne sont pas, en réalité, insérées sur un même plan transversal.

La structure anatomique de la feuille est en rapport avec l'aspect extérieur, et d'autant plus différenciée que l'organe est plus épais. On y observe ordinairement une différenciation très nette entre les deux faces de la feuille. Les stomates sont rares à la face supérieure, au-dessous de l'épiderme de laquelle se développe un tissu en palissade puissant.

M. Pirotta a fait de l'anatomie comparée de la feuille des Oléacées l'objet d'une étude attentive (*Ann. dell' Instit. botan. di Roma*, 1885, avec 1 Pl.) ; c'est à ce travail tout récent que nous emprunterons la plupart des détails qui suivent.

La feuille est toujours recouverte d'un épiderme formé d'une seule couche de cellules riches en tannin ; il est mince (*Syringa, Fontanesia, Forsythia*) ou épais (*Olea, Notelea*) ; sur le pétiole, les cellules épidermiques sont plus ou moins prismatiques, allongées dans le sens longitudinal ; sur le limbe, elles sont polygonales, assez irrégulières ; leurs parois latérales sont rectilignes (*Phillyrea*, etc.) ou flexueuses (*Chionanthus, Olea*) ; ce caractère est susceptible de se modifier dans une certaine mesure sous l'action des influences extérieures. Les cellules épidermiques renferment fréquemment des cristaux d'oxalate de chaux groupés parfois en raphide (*Olea*), mais parfois isolés en octaèdres très plats (*Olea undulata*) et répandus alors dans tout le mésophylle. Les raphides sont plus particulièrement localisés dans l'épiderme et dans les rayons médullaires de l'écorce secondaire.

Beaucoup d'Oléacées ne possèdent que les poils glandulaires, dont le développement a été étudié avec soin par M. Prillieux (*Annales des Sc. natur.*, Botan., 4ᵉ sér., V, 1856, p. 5 et Pl. 2 et 3). Ce savant a montré qu'il y a identité entre les poils disciformes des Oléacées et des Jasminées, que ces poils ne diffèrent que par le degré de développement arrêté plus ou moins tôt suivant les cas. Très abondants chez quelques-unes de ces plantes, ils sont rares chez d'autres ou limités au pétiole et à la nervure principale du limbe (*Forestiera, Notelea, Osmanthus*). Leur forme définitive dépend de leur développement ; mais il est bon de noter que presque toujours, malgré leur origine glandulaire, les cellules terminales des poils des Oléacées ne renferment plus que de l'air à l'état adulte.

Les poils non glanduleux sont rares et généralement réduits à de petites papilles coniques très épaissies qu'on ne trouve guère que sur le pétiole. L'*Olea glandulifera* seul possède de longs poils unisériés, limités à des cryptes spéciales situées à l'aisselle des nervures et à la face inférieure (VESQUE, *Annales des Sc. nat.*, Botan., 7ᵉ sér., I, 1885, p. 268).

Les stomates ne se rencontrent qu'à la face inférieure des feuilles ; cependant on en trouve exceptionnellement quelques-unes au bord supérieur des feuilles de *Ligustrum vulgare*; ils sont toujours disposés sans ordre apparent à la surface du limbe ; M. WEISS en a compté 625 par millimètre carré dans l'Olivier cultivé (*Pringsheim's Jahrbücher*, IV, pag. 124). Dans quelques espèces, on trouve des stomates de deux sortes, les uns beaucoup plus petits que les autres; mais ils sont généralement grands et entourés de plusieurs cellules épidermiques.

On observe des stomates aquifères réunis par trois ou quatre, vers les bords des feuilles de Frêne, de *Forsythia* et *Phillyrea*, et au voisinage des terminaisons vasculaires.

Le système mécanique de la feuille de l'Olivier est bien connu depuis la publication des recherches de M. ARESCHOUG (*Jemförande Undersökningar ofver Bladetsanatomi*, petit in-4°, Lund, 1878, pag. 40-46). On sait qu'il est très puissamment développé chez l'Olivier, comme chez la plupart des espèces à feuilles persistantes.

Il était intéressant de soumettre ce tissu physiologique à une étude particulière dans un groupe où la feuille présente des variations si grandes au point de vue de sa consistance et de sa durée. C'est à M. VESQUE et à M. PIROTTA que nous devons encore des renseignements très détaillés sur ce point. Si nous considérons l'Olivier comme point de départ, nous pouvons résumer ce que nous savons, en disant que le système mécanique, toujours de même nature fondamentale, diminue à mesure que la feuille est plus fugace. On observe ainsi tous les intermédiaires entre les *Olea* à feuilles dures et les *Syringa*.

Chez les espèces à feuilles caduques, le système mécanique se réduit le plus souvent, dans le pétiole, à un peu de collenchyme ; la nervure médiane reproduit la même structure ; mais souvent deux cornes détachées du faisceau se rapprochent et se confondent pour former un second faisceau inverse du premier, à la face supérieure. Le collenchyme diminue peu à peu sur les nervures secondaires à mesure qu'on se rapproche du tissu assimilateur. Nous verrons plus loin que des cellules scléreuses issues du mésophylle viennent augmenter la protection des tissus parenchymateux ; il est bon de dire, dès maintenant, que le collenchyme paraît toujours d'autant plus développé que les cellules scléreuses sont moins nombreuses.

Les cellules scléreuses n'existent pas partout. Beaucoup d'Oléacées ont les tissus de la feuille tendres, sont malacophylles, suivant l'expression de M. VESQUE. Il n'existe pas de trace de cellules scléreuses dans les *Phillyrea, Forsythia, Forestiera* ; elles sont rares dans les *Ligustrum, Fraxinus* et *Syringa*. Partout ailleurs, elles sont plus ou moins développées, surtout dans le tissu assimilateur qu'elles ont surtout pour but de rendre plus résistant. Elles sont courtes (*Fraxinus juglandifolia, Chionanthus fragrans*), en colonne, dans tout le tissu assimilateur de la feuille du *Picconia excelsa* et des *Osmanthus*, irrégulièrement rameuses dans l'Olivier, dont elles soutiennent fortement les deux épidermes ; souvent aussi ces diverses sortes de cellules protectrices se rencontrent en même temps dans les tissus de la feuille (*Notelea, Olea*).

Le système mécanique est augmenté encore par des fibres sclérenchymateuses libriformes, plus ou moins développées dans les nervures, suivant les genres.

Le système vasculaire est formé, dans le pétiole, par un faisceau unique, étroitement recourbé en arc, accompagné ou non de deux petits faisceaux latéraux (VESQUE, *Annales des Sc. natur.*, Botan., 7ᵉ sér., I, 1885, pag. 271). Ce faisceau est fréquemment disjoint et séparé en divers groupes par d'étroits rayons médullaires (PIROTTA ; *loc. cit.*). Le faisceau est ouvert, c'est-à-dire pourvu d'un cambium à fonctionnement limité, ainsi que M. VAN TIEGHEM en a signalé dans beaucoup de Dicotylédones ligneuses (*Bull. de la Soc. botan. de France*, XXVI, 1879, pag. 17).

Une coupe transversale du pétiole de l'Olivier laisse voir que le liber se compose d'éléments parenchymateux larges, au milieu desquels on trouve çà et là des groupes de cellules beaucoup plus étroites, qui semblent issues de la division des précédentes ; M. DE BARY y voit des vaisseaux grillagés ou des cellules cambiformes ; ce liber mou est bordé extérieurement de fibres sclérenchymateuses libriformes épaisses. Le développement de ces fibres, très faible dans le *Forsythia suspensa* et dans les *Ligustrum*, atteint son maximum dans le *Notelea*. La partie ligneuse du faisceau est très compacte, formée d'éléments disposés sans ordre apparent dans la partie interne, en séries radiales régulières dans la région externe ; les séries radiales de vaisseaux ponctués à parois épaisses y alternent avec les files de cellules parenchymateuses.

La moelle est relativement considérable dans le pétiole, et plus ou moins entourée par le bord ventral, concave, du faisceau disjoint ; ses cellules sont irrégulières ; sa couche la plus interne, constituée par des éléments plus grands, plus réguliers, ovales en section transverse, forme la gaine amylifère.

Le tissu assimilateur se développe insensiblement dans le pétiole vers la naissance du limbe ; sa différenciation s'y accentue en parenchyme vert et en tissu palissadiforme qui a 2 à 4 séries superposées, 5 même dans le *Picconia* ; l'épaisseur en est d'ailleurs variable avec les différents points du limbe, sans qu'il semble qu'on en puisse tirer des caractères intéressants. Le parenchyme lacuneux est d'ordinaire plus épais que le tissu en palissade ; ses cellules ont des formes et des dimensions variables, circonscrivent d'étroits méats ou de larges lacunes, suivant les genres. On y trouve toujours beaucoup de tannin et çà et là des cristaux d'oxalate de chaux.

La chute des folioles du Frêne a lieu, comme chez presque tous les arbres, par la formation d'une couche de liège au point d'insertion de la foliole. (Van Tieghem et Guignard, *Bull. de la Soc. botan. de France*, XXIX, 1882.)

Les détails qui précèdent montrent suffisamment qu'on n'a négligé aucun détail de la structure anatomique des plantes qui nous occupent; cependant la notion que nous possédions des Oléacées en est-elle devenue plus nette? En aucune façon! La fleur, qui fournit, chez les Phanérogames, les caractères les plus importants, suffisait seule à nous donner de l'ensemble une connaissance satisfaisante. C'est aux travaux de M. Van Tieghem et de M. Eichler que nous devons de pouvoir déterminer la place naturelle que les Oléacées doivent occuper dans l'ensemble des plantes Corolliflores et leurs affinités avec les groupes voisins; ils n'ont laissé à résoudre aucun problème important relativement à la morphologie florale. Il nous paraît inutile, dans ce cas particulier, d'interroger la structure anatomique, qui ne devait fournir vraisemblablement aucune indication nouvelle; elle est demeurée muette, en effet, et tous ces efforts ont abouti seulement à nous montrer que la structure des Oléacées est, sauf quelques variations insignifiantes, celle de la majorité des végétaux Dicotylédones. Qu'on demande à la structure anatomique une notion que la fleur ne saurait fournir, c'est logique ; mais quel intérêt y a-t-il à rejeter la morphologie florale, lorsqu'elle suffit à nous éclairer, pour la remplacer par des caractères que le microscope peut seul révéler? Les résultats acquis depuis quelques années ne paraissent pas devoir encourager beaucoup ceux qui ont cru trouver dans l'anatomie comparée la clef de tous les problèmes. (Voyez surtout : Solereder, *Ueber den systematichen Werth der Holzstructur bei den Dikotyledonen*, Munich, 1886; Vesque, *Annales des Sc. natur.*, Botan., 7ᵉ série, 1, 1885.)

M. A. De Candolle a publié dans le *Prodrome* la monographie des Jasminées et celle des Oléacées (tom. VIII, 1844). Il aurait laissé bien peu de chose à faire à ses successeurs si les travaux de M. Eichler et de M. Hooker n'avaient introduit dans l'étude de ces plantes des éléments nouveaux que nous avons fait connaître. Quelques changements dans le groupement relatif des différents genres d'Oléacées nous paraissent être la conséquence nécessaire des travaux de ces savants. Ajoutons que, pour mettre la systématique des Phanérogames à l'unisson de celle des Thallophytes, nous croyons, avec MM. Bentham et Hooker, et avec M. Van Tieghem, devoir renfermer la famille des Oléacées dans un cadre moins étroit ; il convient qu'il y ait équilibre entre les différents embranchements du règne végétal et que les Phanérogames ne semblent pas, contrairement à la réalité, l'emporter, par la diversité des formes, sur l'ensemble des Cryptogames. Ces considérations mériteraient de plus longs développements qui ne sauraient avoir leur place ici. Nous pourrons nous étendre sur ce sujet lorsque nous publierons, comme nous espérons pouvoir le faire, une étude plus complète sur le groupe entier des Oléacées. Pour le moment, nous ne ferons que résumer notre manière de voir, en modifiant, dans la mesure où nous croyons devoir le faire, la classification adoptée par M. De Candolle, et en renvoyant au *Prodrome* pour l'historique général, auquel nous n'aurions à ajouter que les travaux signalés plus haut.

Les Jasminées constituent, selon lui, un groupe indivisible dont il fait sa 128e famille. Nous n'avons qu'à maintenir cette notion simple, quant aux Jasminées.

Nous les considérerons comme la première tribu des Oléacées.

La tribu des Oléinées (127e famille de M. A. De Candolle), divisée par l'auteur de la monographie de *Prodrome* en quatre tribus, nous semble nécessiter quelques changements,

motivés avant tout par les recherches de M. EICHLER et de
M. HOOKER.

Nous croyons devoir réduire à trois le nombre des subdivisions ; les *Noronhea* et *Ceranthus* se relient directement aux
Oléées par les *Eu-Loniciera*, qui possèdent, comme les
Oléées, un albumem charnu-cartilagineux. Les Chionanthées
se confondent ainsi avec les Oléées ; mais l'absence d'albumen
rapproche des Jasminées quelques-uns des représentants de
ce petit groupe. Nous placerons donc en tête de la série des
Oléinées la sous-tribu des Oléées ; les Syringées prendront
place entre elles et les Fraxinées, qui par l'ensemble de leurs
caractères s'éloignent beaucoup plus du type primitif. Les
Salvadoracées formeront la troisième tribu ; leur étude est
malheureusement trop incomplète encore pour que nous don-
nions un caractère plus positif à ce que nous en savons.

Les notes que nous donnons ci-après sous forme de tableau
résumeront notre manière de voir mieux que toutes les ex-
plications.

OLÉACÉES

Trib. I. JASMINÉES. Pas d'albumen.

Trib. II. OLÉINÉES (Oléacées DC.).

Sous-trib. I. Oléées. Fruit charnu drupacé ou bacciforme,
indéhiscent. Deux ovules dans chaque loge, fixés latéralement
au voisinage du sommet. Graines uniques par avortement de
trois ovules, rarement deux dans chaque loge. Graine albu-
minée à radicule supère. Inflorescence paniculée trichotome
ou fasciculée, à rameaux primaires centripètes, les derniers
parfois centrifuges.

+ Le fruit est une drupe.

A. Graines dépourvues d'albumen à la maturité.

Noronhea, Ceranthus.

B. Graines albuminées à la maturité.

α Corolle développée.

Finociera, Notelæa, Osmanthus, **Phillyrea,** *Chionanthus,*
Olea (pro parte).

β Corolle presque toujours nulle ou réduite.

Olea (pro parte), *Forestiera.*

+ + Le fruit est une baie à 1-4 graines.

Myxopyrum, Ligustrum.

Sous-trib. II. Syringées. Fleurs hermaphrodites à corolle
tubuleuse. Fruit sec capsulaire, à déhiscence loculicide, ovules suspendus au sommet de chaque loge. Graines ailées sus-
pendues à radicule supère.

Syringa, Forsythia, Schrebera (Nathusia Richard).

Le genre *Syringa* se rapproche beaucoup des Fraxinées
par ses ovules au nombre de 2 dans chaque loge et sa corolle à préfloraison valvaire indupliquée; les *Schrebera* ont
3-4 ovules dans chaque loge, les *Forsythia* en ont 4-10;
mais, tandis que tous les genres précédents ont des graines
à albumen abondant, l'embryon des *Schrebera* a consommé
l'albumen au moment de la maturité de la graine.

Sous-trib. III. Fraxinées. Fruit samaroïde, biloculaire, indéhiscent, ailé. Calyce parfois nul. Fleurs polygames et apé-
tales (*Fraxinus* sect. *Fraxinaster*), dipétales ou tétrapétales
(*Fraxinus* sect. *Ornus*); corolle à préfloraison valvaire indupliquée. Deux ovules suspendus au sommet de chaque loge.
Graines comprimées, aplaties, albuminées, à radicule supère
(position déterminée nécessairement par la forme et la position de l'ovule). Inflorescence rameuse centripète, à rameaux serrés en fascicules plus ou moins condensés aux
nœuds.

Fraxinus, Fontanesia.

Le genre *Fontanesia* Labillardière constitue un lien naturel
entre les Fraxinées et les Syringées. Le fruit en est bien une
capsule biloculaire, comme dans les Syringées, mais une capsule indéhiscente entourée d'une aile étroite; les graines y
sont le plus souvent uniques dans chaque loge, comme dans
les *Fraxinus.*

Trib. III. SALVADORACÉES. J.-E. PLANCHON (*Annales des Sc. nat.*, Botan., 3° série, X, pag. 189).

Fleurs formées de 4 sépales, de 4 pétales. de 4 étamines introrses. de 2 carpelles surmontés d'un style très court terminé en stigmate bilobé. Dans chaque loge, 2 ovules collatéraux et ascendants. Baie uni ou biloculaire. Albumen nul. Feuilles munies de très petites stipules filiformes.

Salvadora, *Azyma*, *Dobera*.

Les Oléacées appartiennent généralement à la partie tempérée et chaude de l'ancien continent ; abondantes dans la région méditerranéenne en Europe, elles s'étendent, d'une façon générale, à travers la zone tempérée du continent asiatique et prennent, en Chine et au Japon, leur maximum d'extension.

Quelques espèces atteignent le voisinage de la région boréale (*Fraxinus*) ; quelques autres s'étendent jusqu'aux Indes, l'Australie et l'archipel Malais (*Ligustrum*). Le genre Olivier est répandu surtout sur le continent asiatique, mais il s'étend exceptionnellement au delà des limites de la famille, dans les régions chaudes et tempérées des deux hémisphères. Une seule espèce pourtant, l'*Olea americana*, est répandue dans la Floride, la Géorgie et la Caroline ; *O. laurifolia* se rencontre en Abyssinie et jusqu'au cap de Bonne-Espérance.

De toutes les Oléacées, les *Ligustrum* et les *Olea* sont les plus nombreux en espèces.

Le genre *Olea*, dont nous allons maintenant nous occuper plus spécialement, a été parfaitement défini et caractérisé par LINNÉ, qui le plaçait, nous l'avons vu, dans sa Diandrie Monogynie, à côté de toutes les plantes avec lesquelles l'Olivier présente des affinités réelles, y compris les Jasmins.

Voici la diagnose qu'il en donne (*Genera Plantarum eorumque characteres naturales*. edit. sexta. Stockholm. 1764. pag. 10) :

«*Olea* ; Calyc. Perianthium monophyllum tubulatum, parvum ; ore quadridentato, erecto, deciduum. Coroll. monopetala, infundibuliformis ; Tubus cylindraceus, longitudine calycis ; limbus quadripartitus, planus ; laciniis semiovatis. Stamin. filamenta duo, opposita, subulata, brevia ; antheræ erectæ. Pistill. Germen subrotundum ; stylus simplex, brevissimus, stigma bifidum. crassiusculum, laciniis emarginatis. Drupa subovata, glabra, unilocularis. Semin. nux ovato-oblonga, rugosa.»

Cette diagnose, de moitié plus courte que celle que TOURNEFORT avait donnée du genre *Olea*, est aussi beaucoup plus précise, et, malgré les progrès de la morphologie florale, elle s'applique toujours exactement à ce genre.

M. A. DE CANDOLLE (*Prodrome*, VIII, pag. 284, 1844) a divisé le genre *Olea* en deux sections, se conformant en partie à ce qu'avait fait ENDLICHER (*Genera Plantarum*, pag. 572).

La première section, *Gymnelæa*, a été caractérisée par ENDLICHER. Aux caractères généraux du genre, il suffit d'ajouter la mention de l'absence de corolle et de l'hypogynie des étamines. La section *Gymnelæa* ne renferme d'ailleurs qu'une espèce, l'*Olea apetala* Vahl (non aliorum).

La section *Eu-elæa* correspond aux *Oleaster* d'ENDLICHER ; le limbe de la corolle est quadrifide ; les étamines sont insérées à la base de la corolle. C'est à cette section que se rapportent la diagnose de LINNÉ et les descriptions que la plupart des auteurs ont données depuis des Oliviers.

Elle se subdivise elle-même naturellement : 1° en *Eu-elæa* à inflorescences terminales, pour lesquelles DECAISNE proposait d'établir un genre nouveau (*Monographie des Ligustrum et des Syringa*, 1878, pag. 8), et 2° en *Eu-elæa* à inflorescences axillaires. Parmi ces dernières, les unes ont les fleurs dioïques par avortement (*O. dioïca* Roxburgh, *O. americana* L.) ; les autres ont des fleurs hermaphrodites. C'est parmi ces dernières espèces que l'Olivier cultivé (*Olea Europæa*) a sa place.

L'Olivier d'Europe est suffisamment caractérisé vis-à-vis de tous ses congénères par ses feuilles oblongues ou lancéolées, très entières, mucronées à l'extrémité, glabres en dessus, blanches écailleuses en dessous, à rameaux axillaires, dressés lors de la floraison, pendants lors de la maturité du fruit, et par sa drupe ellipsoïde.

Linné (*Species Plantarum*, 3⁰ édit., Vienne, 1764, pag. 11) distinguait déjà plusieurs variétés d'Olivier, et avant tout l'*Olea sativa*, type de toutes nos variétés cultivées aujourd'hui, et l'*Olea sylvestris* (*Oleaster* DC.), l'Olivier sauvage de nos plaines méridionales. Avant lui, Magnol (*Hortus regius Monspeliensis sive*, etc., Monspel., 1697) distinguait déjà 12 espèces d'Olivier appartenant au même type spécifique. Gouan, près d'un siècle plus tard, n'a fait que répéter ce qu'en avait dit Magnol (*Flora Monspeliaca sistens plantas*, etc., Lugdun., 1765); mais il ne nous appartient pas d'empiéter sur ce domaine, qui intéresse d'une façon spéciale l'histoire de l'agriculture.

Revenant au type de l'espèce, à l'Olivier cultivé, à l'*Olea Europæa* de Linné, nous pouvons nous demander quelles sont les limites géographiques entre lesquelles on le rencontre, dans quelles limites climatériques on peut le cultiver.

L'Olivier est un arbre essentiellement méditerranéen; il se plaît aux climats chauds et secs; il fuit l'humidité et ne redoute rien des longues sécheresses habituelles aux régions méditerranéennes. Sa place est à côté de tous les arbres dont le feuillage persistant garantit l'existence en les protégeant contre une transpiration trop active.

En somme, et pour formuler immédiatement une idée générale, l'Olivier prospère dans la région méditerranéenne comprise dans son sens le plus large, suivant l'opinion de M. O. Drude (*Die Florenreiche der Erde, Peterman's Mitteilungen, Erganzungsheft*, n° 74, 1884). Le savant professeur

de Dresde désigne cette région sous le nom de boréo-subtro-
picale ; se plaçant à un point de vue plus large que ne l'avait
fait Grisebach, il la considère comme intermédiaire entre
l'Europe moyenne (domaine forestier de l'Europe occidentale
de Grisebach) et les forêts tropicales de l'Asie et de l'Afrique.
Il la divise en quatre domaines ; le premier comprend les
Açores, les Canaries et Madère ; le deuxième, qui reçoit le
nom d'Atlantico-méditerranéen, embrasse toute le péninsule
Ibérique, toute la partie de la France où prospère le Chêne-
vert, toute l'Italie, la Turquie et la Grèce, les rivages méridionaux de la mer Noire, les côtes de l'Anatolie, de la Syrie
et de l'Egypte, et toute l'Algérie, y compris les hauts plateaux. Le domaine du sud-ouest de l'Asie est limité au N. par
le Caucase et les rivages méridionaux de la mer Caspienne, par
le versant S. de l'Himalaya ; il s'étend à la grande partie de
la vallée de l'Indus et aux bords du golfe Persique. Le Sa-
hara et le nord de l'Arabie constituent le quatrième domaine
méditerranéen, limité au S. par une ligne qui oscille entre
les 15ᵉ et 20ᵉ parallèles.

Le domaine Atlantico méditerranéen comprend toute la
France méditerranéenne. M. DRUDE l'étend au delà des limites que lui assignait GRISEBACH, en s'appuyant sur ce fait que
le Chêne-vert prospère dans la vallée de la Garonne et jusqu'à La Rochelle. Tout le sud-ouest de la France est donc
compris par M. DRUDE dans la région méditerranéenne.

Nous avons insisté d'une manière particulière, avec M. E.
DURAND (*Bulletin de la Soc. botan, de France*, XXXIII, 1886).
sur les raisons qui nous paraissent s'opposer à ce qu'on
adopte la manière de voir de M. DRUDE. Nous pensons, au
contraire, que la région méditerranéenne doit être considérée
comme bornée par les limites de culture de l'Olivier, et nous
n'hésitons pas à reproduire ici l'exposé des motifs qui nous
décide à adopter cette opinion.

Des conditions topographiques particulières posent presque partout, dans le Midi de la France, une barrière entre le

Nord et le Midi. Vers le N. et vers l'O., les pluies ne manquent à aucune saison de l'année. Dans le Midi, l'été est régulièrement dépourvu de pluies ; au N. et à l'O., l'hiver vient seul arrêter pendant longtemps toute végétation. Au S., le repos hivernal n'est jamais complet et il est de courte durée ; mais aux mois d'été correspond un arrêt de la végétation presque partout plus long et plus complet que le repos hivernal.

Sans chercher à formuler l'action intime que de semblables différences climatériques exercent sur la végétation, et sur laquelle la physiologie expérimentale pourra seule nous éclairer, nous pouvons, du moins, établir ce fait que trois conditions essentielles impriment à la région méditerranéenne son caractère distinctif ; ce sont : 1° l'apparition à peu près exclusive des essences forestières à feuilles persistantes ; 2° la prédominance des arbrisseaux vivaces à feuilles persistantes et souvent aromatiques ; 3° le nombre considérable de plantes annuelles.

Nous avons essayé de mettre en relief cette physionomie si spéciale à nos régions méridionales, et de donner la notion des végétaux auxquels elles la doivent. De même pourtant qu'on voit quelques plantes propres aux rivages de la mer s'éloigner plus ou moins des points directement soumis aux influences marines, de même on constate que des végétaux méditerranéens s'élèvent le long des pentes de nos montagnes et se mêlent, dans une certaine mesure, aux plantes de la région forestière. Il y a donc pénétration réciproque des flores de l'Europe moyenne et méditerranéenne. Où trouverons-nous un caractère qui nous permette de tracer une limite entre elles ?

Il nous a paru que l'Olivier répond à toutes les conditions qu'on peut exiger pour la détermination de cette limite. Insensible, ou peu s'en faut, à la nature chimique du sol, l'Olivier exige seulement des climats secs ; les extrêmes de température entre lesquels il végète sont aussi en parfaite harmonie

avec ce que nous savons de la flore méditerranéenne. Ces
diverses raisons ont paru si bonnes que beaucoup d'auteurs
ont donné à la région de la Méditerranée le nom de région de
l'Olivier; nous n'hésitons pas à croire que cet arbre peut, surtout
le pourtour de notre grand bassin intérieur, servir à caractériser
le domaine Atlantico-méditerranéen. C'est du moins le résultat
auquel nous conduisent les observations que nous avons pu
faire dans le sud de l'Espagne, au voisinage des hauts plateaux de l'Algérie, ce qui ressort, du reste, de la plupart des
travaux publiés sur ce sujet.

Or, nous savons qu'en raison même de la place qu'il occupe
dans l'alimentation du Midi, l'Olivier est cultivé, en France,
partout où le climat ne s'oppose pas à sa culture, partout où
l'on peut en attendre, non pas un rapport commercialement
rémunérateur, mais seulement les produits nécessaires à l'alimentation quotidienne ; il est donc possible de tracer la limite
de culture de l'Olivier sans interruptions ni lacunes.

Ce tracé, exécuté par M. E. DURAND pour l'École Nationale
d'Agriculture de Montpellier, a été vérifié par nous sur un
grand nombre de points. Nous l'avons reporté sur une carte
très réduite, qui fait disparaître presque tous les détails. Il se
montre pourtant presque partout d'une rare élégance. Il semble que les vallées des Pyrénées-Orientales et de l'Aude soient
coupées par un plan horizontal suivant une altitude variant
entre 300 et 400 mètres. Au-dessous de ce niveau, il n'est pas
un vallon, pas un ravin, où l'Olivier ne soit cultivé. Au-dessus,
il n'existe nulle part. Arrêté souvent par des massifs monta-
gneux, l'Olivier a pénétré avec l'agriculture dans toutes les
vallées, sans que jamais une autre cause le limite que l'impos-
sibilité de la culture. On remarquera la manière dont il
remonte le long des vallées du Jaur vers Saint-Pons, de l'Orb
jusqu'au delà de Lunas, de l'Hérault, du Gardon et surtout de
l'Ardèche et de ses affluents, de la Durance et de ses vallées
latérales. Il s'épanouit largement dans la dépression qui forme
le seuil de Castelnaudary et dans la vallée du Rhône, sur la

rive gauche duquel il s'arrête en face de Viviers, tandis que sur la rive droite il s'étend jusqu'à Rochemaure, à 13 kilom. au nord.

En résumé, nous pouvons dire que l'Olivier caractérise essentiellement la région méditerranéenne, et qu'il prospère partout où se présentent les conditions propres à cette région.

Si nous nous élevons dans les montagnes, nous observons sans difficulté que l'Olivier n'atteint pas la même altitude dans les contreforts des Pyrénées et dans les Alpes-Maritimes, et si nous consultons les données acquises par un grand nombre d'observateurs, nous pourrons sans difficulté reconnaître la nature et l'amplitude de ces différences. Peut-être même en pourrons-nous reconnaître les causes !

Sans sortir de notre domaine méditerranéen français et en commençant par l'Ouest, on sait que la limite moyenne de la culture de l'Olivier ne dépasse guère 420 mèt. dans les Pyrénées-Orientales. Dans l'Aude, la culture de l'Olivier ne dépasserait pas 150 mèt. Dans l'Hérault et dans les Bouches-du-Rhône, elle atteint 400 mèt. Il est intéressant de constater qu'à l'E. du Rhône, la limite supérieure de la culture de l'Olivier s'élève notablement. Il y a des Oliviers très prospères à 600 mèt. d'altitude sur le versant méridional du Luberon et du Ventoux. Il atteint 700 mèt. dans les environs de Castellane, et 800 mèt. sur les versants méridionaux des Alpes-Maritimes. Ces différences sont fort importantes, il faut le reconnaître, si nous envisageons l'ensemble de la région méditerranéenne de l'Ouest à l'Est, si même nous nous limitons au bassin occidental de la Méditerranée. En Portugal, nous le trouvons dans les montagnes de l'Algarve à 454 mèt. (BONNET) ; mais il est reconnu que l'Olivier n'atteint pas ses dimensions normales au-dessus de 290 mèt., dans cette région. Dans la Sierra-Nevada, BOISSIER l'a observé jusqu'à 974 mèt. et même jusqu'à 1.370 mèt. dans des situations favorables. Il atteint 700 mèt. dans les îles Baléares (MARÈS et VIGINEIX), 715 sur l'Etna (GEMELLARO), 650 en Cilicie (UNGER et KOTS-

CHY), 800 à Chypre, 1.000 mèt. à Grenade et plus encore dans la province d'Alger.

On peut, croyons-nous, résumer ces observations en admettant que la limite altitudinale de l'Olivier atteint son maximum là où les caractères climatériques de la Méditerranée atteignent leur maximum. Elle s'abaisse vers l'Orient, où les hivers deviennent très rigoureux ; elle s'abaisse beaucoup plus encore sur la côte du Portugal, pour se relever au delà des montagnes qui arrêtent la plus grande partie des précipitations aqueuses et impriment aux montagnes de l'intérieur de l'Espagne leur caractère climatérique spécial.

La limite en altitude paraît donc déterminée aussi bien que la limite en latitude par l'accroissement de l'humidité en même temps que par l'abaissement des températures hivernales. De là vient, sans doute, l'étonnante différence que présentent, à cet égard, Nice et Florence, Venise et la côte illyrienne, le long de laquelle l'Olivier atteint 46° de latitude. De là vient sans doute qu'à l'O. de l'Europe, l'Olivier ne dépasse guère 44°, tandis que vers l'E. il atteint 45°.

Il nous resterait, pour terminer, à nous demander quelle est la patrie de l'Olivier, d'où il nous est venu et à qui nous devons cette précieuse introduction ; mais M. A. DE CANDOLLE a traité ce sujet et y a apporté les qualités avec lesquelles il sait étudier de pareils problèmes. On ne saurait mieux faire que de se pénétrer des pages séduisantes qu'il consacre à l'origine de l'Olivier (A. DE CANDOLLE, *Origine des plantes cultivées*; Bibliothèque scientifique internat., pag. 222-227). Nous nous contenterons de rappeler la conclusion de cette remarquable étude, d'après laquelle la patrie préhistorique de l'Olivier s'étendait probablement de la Syrie vers la Grèce, car l'Olivier sauvage forme de véritables forêts sur la côte méridionale de l'Asie-Mineure. Aux nombreux et précieux renseignements accumulés par le savant botaniste de Genève, nous nous permettrons d'en ajouter un seul, fruit de recherches récentes. Notre compatriote, M. MASPERO, a eu la bonne fortune de découvrir, près de Thèbes, des momies datant de la XXe à la XXVIe Dynastie, entourées de guirlandes formées de feuilles d'Olivier, une, entre autres, portant une couronne frontale formée de feuilles du même arbre. M. PLEIJTE pense que l'Olivier a été apporté en Égypte à la suite des conquêtes de la XIXe Dynastie en Asie et que l'idée symbolique qui le faisait appliquer aux couronnes funéraires a la même origine. (Voyez M. SCHWEINFURTH, *Berichte der deutschen botan. Gesellschaft*. Berlin, juillet 1884).

DEUXIÈME PARTIE

LES VARIÉTÉS D'OLIVIER

I. — VARIÉTÉS FRANÇAISES

OLIVIÈRE

Synonymes. — Oulivière, Oullivière, Oulivièira (Hérault). — Pointue (Hérault); Pounchudo-barralenquo (Provence). — Gallinenque, Galinenque. *Rozier*, *Amoreux* (Languedoc). — Livière. Laurine. *Rozier*. — Michelenque. *Amoreux* (Gard). — (?) Bouteyenque. *Amoreux* (Beaucaire). — Plant d'Aiguières. *Amoreux* (Marseille). — Angelon sage *Reynaud* (Gard). — (?) Ouana (Roussillon). — Olea europæa media oblonga angulosa. *Gouan*, Flor. Monsp. — Oleo europæa laurifolia. *Risso*. — Olea fructu majusculo et oblongo. *Tournefort*.

DESCRIPTION

Arbre vigoureux, mais n'atteignant jamais un très grand développement, à *port* étalé; *tronc* cylindrique, non cannelé. — *Écorce* gris-noirâtre, très fendillée sur le tronc et les branches de charpente, se détachant en lanières courtes et régulières. — Les branches de charpente sont horizontales ou inclinées vers le sol, et les nombreux rameaux qu'elles portent retombent jusqu'à terre. L'arbre, dans son ensemble, a la *forme* d'un cylindre beaucoup plus large que haut. — *Rejets* ordinairement peu nombreux.

Rameaux jeunes vigoureux, contournés sur eux-mêmes, dis-

posés en hélice et s'insérant à angle aigu. — La *couleur* gris cendré
clair des rameaux de l'année fait ensuite place à une teinte gris noirâtre. — *Bois* nettement quadrangulaire au début, puis cylindrique
sur les rameaux plus âgés ; parsemé de nombreuses lenticelles petites, d'un brun doré, légèrement strié ; *nœuds* moyens.

Feuille allongée, ovale, lancéolée, grande ou très grande (longueur moyenne : 8 à 9 centim., exceptionnellement 10 et 11 cen-
tim. ; — largeur moyenne : 1 $\frac{1}{4}$ à 1 $\frac{1}{2}$ centim. jusqu'à 2 centim.
sur les sujets très vigoureux). — *Face supérieure* vert clair luisant ;
face inférieure à dépôt blanc épais et uniforme. — *Limbe* épais, à
bords très refoulés, formant gouttière. — *Nervures* marquées seulement à la face supérieure. — *Mucron* long, aigu, recourbé vers la
face inférieure de la feuille. — *Pétiole* moyen, s'insérant à angle
très aigu surtout à l'extrémité des rameaux, où les feuilles sont
habituellement accumulées.

Les feuilles sont très nombreuses et le *couvert* de l'arbre est épais.
De plus, elles sont contournées sur elles-mêmes et présentent à l'extérieur leur face inférieure, de telle sorte que l'arbre, vu d'un peu
loin, a un aspect blanchâtre très caractéristique.

Fruits agglomérés à la base des rameaux, sur le bois de deux
ans ; presque exclusivement sur les rameaux pendants, rarement
sur les rameaux dressés ; souvent groupés par 2 et 3. — *Pédoncule*
long, de grosseur moyenne, s'insérant dans une dépression du fruit assez profonde. *Stigmate* peu apparent
dans un ombilic peu marqué à la pointe du fruit. —
Olive de grosseur moyenne (longueur: 1 $\frac{3}{4}$ à 2 $\frac{1}{4}$ centim. ; — largeur: 1 à 1 $\frac{1}{2}$ centim.), aplatie à l'insertion,
de forme cylindro-conique, mais légèrement bombée
d'un côté ; peu allongée et se terminant brusquement
par une pointe proéminente et bien détachée : d'où
le nom caractéristique de *pointue* qu'on lui donne dans
Olivière. certaines localités. — Le fruit passe du vert au rouge,
et définitivement au noir bleuàtre à la maturité, sauf quelques taches de couleur rouge sombre. Il est obscurément pointillé, dur à la
maturité, et couvert d'une *pruine* assez abondante. — *Peau* fine ;
pulpe blanchâtre, colorée par un jus rouge sale peu abondant. —
Noyau assez gros, ayant la forme générale de l'olive, la surface sillonnée, et une pointe très aiguë.

Arbre de deuxième *maturité*.

OBSERVATIONS

L'*Olivière* est une des variétés d'Oliviers les plus anciennement cultivées dans certaines parties du Languedoc. AMO-
REUX le constate, dès la fin du siècle dernier, dans son *Traité
de l'Olivier :* «L'*Ouliva pounchuda* est des plus communes
aux environs de Montpellier, et, en remontant le Languedoc
jusqu'à Béziers, on la trouve presque seule dans une grande
étendue de terre, surtout vers Narbonne».

Il ne reste aujourd'hui que quelques-unes de ces grandes
plantations ; mais on retrouve l'Olivière, soit seule, soit associée à d'autres variétés, chez la plupart des propriétaires qui
ont voulu conserver au moins assez d'Oliviers pour faire leur
provision d'huile. En sorte que si l'Olivière ne peut être
considérée comme la variété la plus cultivée, elle est encore
la plus répandue dans le Languedoc. Elle existe aussi en Provence, dans le Roussillon, en Algérie, et dans certaines parties de l'Italie et de l'Espagne.

L'Olivière est un arbre très vigoureux, de longue durée,
rustique, qui supporte, sans trop en souffrir, les froids des
hivers rigoureux. Cette opinion est conforme à celle de Ro-
ZIER. Les observations de LAURE, qui considère cette variété
comme assez sensible aux abaissements de température, ont
sans doute été faites dans des terrains humides, où on la rencontrait jadis communément.

L'Olivière ne développe toutes ses qualités que dans les
terrains relativement riches. Dans les sols très secs ou de
trop mauvaise qualité, sa vigueur diminue ; sa production
s'en ressent et elle reste alors inférieure à d'autres variétés
plus rustiques.

Dans les sols qui lui conviennent, l'Olivière est très productive : elle charge abondamment et presque tous les ans.

Composition des fruits de l'OLIVIÈRE

(Analyses de M. A. BOUFFARD)

	N° 1	N° 2	N° 3 (2)
	gr.	gr.	gr.
Poids moyen d'une olive..............	2.39	3.15	»
Poids des noyaux o/o	17.00	15 00	14.80
Poids de la pulpe o/o	83.00	85.00	85.20
Composition, Huile..............	17.60	21.10	14.20
de, Eau	36.00	40.50	54.00
la pulpe (1), Cellulose, etc........	29.40	23.40	17.00

La qualité de l'huile fournie par l'Olivière est très variable suivant la nature du sol où elle est cultivée. Bonne lorsqu'elle provient de terres graveleuses ou légères, l'huile est au contraire *bourrasseuse*, c'est-à-dire chargée d'un dépôt abondant, quand elle est produite dans des terres fraîches ou riches; elle est dans ce dernier cas peu estimée pour la table.

L'Olivière, grâce à sa robusticité, supporte, sans en trop souffrir, la taille sévère et même les fortes amputations auxquelles on la soumet quelquefois. Le vieux bois donne facilement des repousses et prend aussi très bien la greffe, qualités qu'il partage d'ailleurs avec la plupart des variétés vigoureuses.

---

(1) Cette composition se rapporte au poids de pulpe pour 100 d'olives et non à 100 de pulpe. — On n'a pas cru devoir tenir compte de l'huile des noyaux, qui n'est qu'en très faible proportion. (A. B.)

(2) Le n° 1 provient d'olives récoltées en 1883 à Lavérune (Hérault), dans des terrains relativement fertiles ; le n° 2, d'olives à un état de maturité avancée, en partie flétries, cueillies en 1883 dans les terres calcaires, de garrigues, de Saint-Georges (Hérault); le n° 3, de fruits récoltés en 1882 dans les terres marneuses de l'École d'Agriculture de Montpellier.

LUCQUES

Synonymes. — Olive de Lucques. Luquoise (Basses-Alpes). — Oliverolle (Béziers). — Odorante. — Olea minor, Lucensïs, fructu oblongo, incurvo, odorato. *Tournefort*. — Olea europæa ceraticarpa. *Clemente*,

Elle a été souvent confondue avec la *Picholine*, avec laquelle elle présente des analogies de forme.

DESCRIPTION

Arbre de vigueur et de développement moyens, à port semi-érigé; *tronc* cylindrique. — L'*écorce* se détache très facilement en longues lanières, de telle sorte que le tronc est souvent dénudé presque entièrement. Les branches de charpente sont horizontales ou érigées. L'arbre, dans son ensemble, a habituellement la *forme* d'un vase, d'une boule ou quelquefois d'un parasol, suivant le mode de taille adopté. — *Rejets* peu nombreux.

Rameaux vigoureux, longs, droits, érigés ou horizontaux; — jeunes rameaux assez nombreux, s'insérant à angle droit, généralement pendants, de *couleur* franchement grise, striés longitudinalement et couverts de très nombreuses lenticelles. — *Bois* de forme hexagonale, surtout à l'extrémité des jeunes rameaux; *nœuds* proéminents.

Feuille lancéolée sublinéaire, assez longue mais étroite (longueur moyenne 6 à 9 centim., largeur 3/4 à 1 $^1/_4$ centim.). — *Face supérieure* vert clair, terne, un peu rugueuse; — *face inférieure* à dépôt peu abondant, blanc sale, — *Limbe* peu épais. — *Nervures* peu marquées, même à la face supérieure. — *Mucron* aigu, court, recourbé dans le plan de la feuille. — *Pétiole* long, mince, contourné.

La feuille a les bords assez refoulés; elle est inéquilatérale et présente dans son ensemble la forme d'un croissant très allongé, terminé par le mucron. Le *couvert* de l'arbre est assez léger, en raison du nombre restreint des feuilles. de leur étroitesse relative et de la disposition divergente des rameaux.

Fruits souvent isolés, distribués pour le plus grand nombre à la base des rameaux de l'année. — *Pédoncule* long, mince, s'insérant dans une dépression peu profonde du fruit. — *Stigmate* persistant dans un ombilic bien marqué. — *Olive* assez grosse (longueur 2 $^1/_2$ à 3 centim., largeur 1 $^1/_4$ à 1 $^1/_2$), en forme de croissant ou de carène, ayant les deux extrémités recourbées et le côté opposé à la courbure à peu près rectiligne, forme très caractéristique. — Le fruit passe du vert clair au noir-bleuâtre luisant, avec très peu de *pruine*. La surface en est légèrement tiquetée. — *Peau* fine, pulpe abondante. — *Noyau* assez gros, de forme analogue à celle du fruit, recourbé aux deux extrémités, à surface sillonnée, terminé par deux pointes, l'inférieure étant la plus aiguë.

Lucques.

Arbre de *maturité* précoce.

OBSERVATIONS

La Lucques est une variété assez peu répandue : on ne la rencontre sur de grandes surfaces en France que dans les localités où l'on se livre à l'industrie de la préparation des olives de table.

Elle paraît être originaire d'Italie, où elle existe sur divers points, notamment à Vérone. Elle est assez commune, dans le Languedoc, aux environs de Béziers, Montpellier, Nîmes, Lunel, mais est peu cultivée en Provence, sauf dans les Basses-Alpes. On la trouve également dans certaines parties des Pyrénées-Orientales, d'où elle est passée en Espagne.

La Lucques est un arbre assez vigoureux, de moyenne longévité. Tous les auteurs qui se sont occupés de cette variété la considèrent comme très résistante aux froids, et susceptible d'être cultivée jusqu'à la limite extrême de la région de l'Olivier. On la rencontre dans les situations les plus diverses, elle donne ses meilleurs et ses plus abondants produits dans les terres de coteaux assez profondes ; elle n'est pas à

recommander pour les sols de garrigues ou de très mauvaise
qualité, où sa production reste très inférieure.

La production de la Lucques est relativement faible, mais
cette cause d'infériorité est en partie compensée par la beauté
et l'excellente qualité des olives cueillies vertes pour les confire; c'est la plus appréciée et la meilleure des olives de table, et elle obtient toujours sur les marchés, lorsqu'elle a
été récoltée bien à point, des prix de vente plus élevés que
les autres variétés.

Composition des fruits de la LUCQUES

(Analyses de M. A. BOUFFARD)

	N° 1	N°2(1)
	gr.	gr.
Poids des noyaux o/o	22.00	17.00
Poids de la pulpe o/o	78.00	83.00
Composition ⎧ Huile	28.30	14.80
de ⎨ Eau	30.92	43.00
la pulpe ⎩ Cellulose, etc.	19.00	25.20

L'huile fournie par la Lucques est de très bonne qualité,
mais ce n'est qu'exceptionnellement qu'on donne à ses fruits
cette destination. Sauf le cas où les olives sont atteintes de
maladies, on les cueille toujours à l'état vert, comme nous
l'avons dit plus haut.

(1) Le n° 1 provient d'olives très mûres, ridées, récoltées en 1883 dans les terrains de garrigues de Saint-Georges (Hérault); le n° 2, d'olives cueillies en 1882
dans les terres marneuses de l'Ecole d'agriculture de Montpellier.

PIGALE

Synonymes. — Pigaou (Hérault). — Pigalle. *Amoreux* (Montpellier, Nîmes, Béziers). — Picatado. *Amoreux* (Narbonne). — Pognue. *Amoreux* (Grasse). — Pigau, Marbrée, Tiquetée. *Rozier.* — Olea minor rotunda, ex rubro et nigro variegata. *Garidel.* — Olea variegata. *Gouan*, Flor. Monsp. (?) Olea pignola. *Risso.*

Arbre grand, vigoureux, à *port* semi-érigé ; *tronc* cannelé. — *Écorce* grisâtre, noueuse, se détachant par plaques sur le tronc et les ramifications primaires.

Les branches de charpente sont presque toujours érigées ou semiérigées, rarement horizontales.

C'est un des plus grands oliviers du Languedoc, lorsqu'on le laisse vieillir sans lui faire de trop fortes amputations.

Rejets nombreux et vigoureux.

Rameaux nombreux, vigoureux, gros, lisses, d'un gris sale, très renflés à leur insertion qui se fait à angle aigu. — *Bois* légèrement cannelé sur les rameaux jeunes, avec des lenticelles petites, peu nombreuses, irrégulièrement disséminées. -- *Nœuds* peu proéminents.

Les rameaux sont en général légèrement pendants.

Feuille lancéolée, plutôt courte, assez large (longueur moyenne 6 à 7 centim. ; largeur 1 $^1/_4$ à 1 $^3/_4$ centim.), un peu rétrécie vers l'insertion. — *Face supérieure* vert foncé, lisse, criblée de petites ponctuations-blanches, très bien détachées (caractéristique); *face inférieure* blanc verdâtre. — *Limbe* épais et un peu coriace, à bords légèrement refoulés, de telle sorte que la feuille présente assez bien l'aspect d'une gouttière large et peu profonde. — *Nervure* un peu proéminente seulement à la face inférieure. — *Mucron* droit, tendre, pointu, dans le plan de la feuille. — *Pétiole* gros, court, droit, inséré à angle presque droit sur le rameau.

Les feuilles sont distribuées régulièrement sur les rameaux jeunes et presque perpendiculaires à ces rameaux. Elles sont assez nombreuses; mais, l'arbre présentant habituellement un assez grand évasement, le *couvert* n'en est pas très épais.

Fruits régulièrement distribués sur la longueur du rameau, isolés ou agglomérés. — *Pédoncule* assez long, gros, jaune clair, inséré dans une dépression profonde. — *Stigmate* peu apparent. — *Olive* plutôt grosse (longueur moyenne 2 à 2 $^1/_4$ centim.; largeur 1 $^1/_4$ à 1$^1/_2$ centim.), cylindrique, régulière, allongée, arrondie aux deux extrémités.

Rouge d'abord, le fruit passe définitivement au noir foncé; il perd vite le peu de pruine qu'il porte, et devient très luisant. Sur ce fond noir et brillant se détachent de nombreuses ponctuations blanches, très bien marquées, qui ont valu à cette olive son nom de *Pigale*. L'olive reste ferme jusqu'à sa maturité.

Peau épaisse; pulpe charnue, peu juteuse, colorée en blanc ou rouge lie de vin et clair. — *Noyau* gros, de forme régulière comme l'olive.

Arbre de *maturité* tardive.

Pigale.

OBSERVATIONS

La Pigale est une variété recommandable. Si la grande quantité de bois qu'elle pousse nuit un peu à l'abondance de sa production, ses fruits sont de bonne qualité et peuvent servir pour la consommation directe, en même temps qu'ils donnent une huile abondante et d'excellente qualité.

C'est aux environs de Montpellier, et autrefois également autour de Narbonne et de Nîmes, que l'on trouvait les plus grandes plantations de cette variété; il en existe encore de très importantes dans les garrigues de la commune de Saint-Georges, près Montpellier. On la rencontre également en Provence, notamment dans les environs d'Aix.

La maturité tardive de cette olive oblige à ne la cueillir qu'à une époque avancée de l'hiver, alors que souvent les premières gelées en ont déjà ridé la surface. Il conviendrait, dans de grandes plantations, d'associer la Pigale à d'autres variétés plus hâtives, pour répartir les travaux de cueillette sur un plus large espace de temps.

Composition des fruits de la PIGALE

(Analyses de M. A. BOUFFARD)

	Nº 1	Nº 2	Nº 3 (1)
	gr.	gr.	gr.
Poids moyen d'une olive.............	2.46	»	2.60
Poids des noyaux o/o	26.00	16.00	19.00
Poids de la pulpe o/o.................	74.00	84.00	81.00
Composition (Huile.................	21.20	22.80	20.30
de) Eau	32.00	47.00	47.00
la pulpe ' Cellulose, etc.	20.80	14.20	13.60

VERDALE

Synonymes. — VERDAOU, VERDAU, VEREAU. — AVENTURIER (Fréjus). — CALASSEN (Lorgues, Var). — OLEA VIRIDULA. *Gouan*, Flor. Monsp. — OLEA MEDIA ROTUNDA VIRIDIA. *Tournefort*. — OLIVO VERDAGO. *Tablada*.

Arbre peu vigoureux, restant toujours petit, à port semi-érigé ; *tronc* mince, court, conique, cannelé, à écorce rugueuse, gris-verdâtre. — *Branches* légèrement pendantes, surtout à la partie supérieure de l'arbre. L'arbre a la forme générale d'une boule, à couvert léger. — Enracinement peu profond ; il est assez facilement déraciné par les vents violents. — *Rejets* peu nombreux. — Prend facilement la greffe.

Rameaux peu nombreux, érigés ou légèrement inclinés, insérés à angle droit, de couleur jaune sale ou gris-jaunâtre clair ; *lenticelles* peu nombreuses et peu apparentes ; nœuds assez proéminents.

Feuilles linéaires, courtes, très étroites, bien caractérisées par leurs faibles dimensions. (Longueur 4 à 6 centim.; largeur 1/2 à 3/4

(1) Le nº 1 résulte d'olives récoltées dans les terres de garrigues de Saint-Georges (Hérault) en 1883 ; le nº 2, de fruits provenant de terrains marneux de l'École d'Agriculture de Montpellier, et cueillis en 1882 ; le nº 3, d'échantillons bien mûrs, pris dans des terres riches de Lavérune (Hérault) en 1883.

de centim.). — *Nervures* très proéminentes, de couleur vert clair. — *Bords* refoulés, formant une gouttière régulière et très prononcée. — *Mucron* non détaché, peu proéminent, peu aigu, situé dans le plan de la feuille, légèrement incliné dans le sens de sa courbure. — *Face supérieure* vert clair terne, un peu rugueuse ; *face inférieure* blanc terne. — *Limbe* de moyenne épaisseur. — *Pétiole* court, mince, contourné de façon à faire appliquer l'une contre l'autre, par leurs faces supérieures, les feuilles opposées. — Toutes les feuilles sont situées dans un même plan sur le rameau et forment avec ce dernier un angle souvent très aigu.

Les feuilles sont assez nombreuses aux extrémités des rameaux, rares ailleurs ; le couvert de l'arbre est léger.

Fruits isolés, jamais réunis en grand nombre ; — à *pédoncule* de longueur moyenne, mince, vert-sale, s'insérant dans une dépression peu profonde ; gros presque ronds, légèrement tronqués au sommet, *infundibuliformes* ; très verts jusqu'aux approches de la maturité, puis d'un rouge vineux et enfin d'un noir foncé un peu terne. — Pruine très peu apparente à maturité. — *Olive* molle, à peau assez épaisse ; pulpe charnue à jus peu abondant. — *Noyau* très gros, de la forme de l'olive, à surface peu profondément rayée.

Verdale

Très précoce.

OBSERVATIONS.

La Verdale est très répandue dans le Languedoc, notamment dans les environs de Montpellier, de Béziers, et dans le Gard. Elle est cultivée, à l'exclusion de toutes autres variétés, dans certaines communes (par exemple à Aniane, Hérault), où l'on se livre sur une grande échelle à la préparation des olives vertes pour la table.

On retrouve la Verdale en Vaucluse et dans les Bouches-du-Rhône, mais sur des surfaces moins importantes que dans le Languedoc.

C'est une olive très précoce, mais peu productive si on la cultive en vue de l'huile ; elle présente en outre l'inconvénient de pourrir assez vite lorsqu'elle a atteint sa complète maturité.

La Verdale mérite au contraire d'être propagée en vue de la récolte des olives vertes ; c'est en effet une belle olive, généralement très appréciée pour la table, et qui est sous cette forme l'objet d'un commerce très important. On ne devra toutefois la placer que dans des terrains de bonne ou moyenne qualité, sa production restant tout à fait insuffisante dans les mauvais sols.

La Verdale est assez sensible aux froids et la coulure en diminue souvent la récolte.

Composition des fruits de la VERDALE

(Analyses de M. A. BOUFFARD)

	N° 1	N° 2	N° 3 (1)
	gr.	gr.	gr.
Poids moyen d'une olive	3.4	2.40	2.60
Poids des noyaux o/o	14.00	20.60	17.50
Poids de la pulpe o/o.................	86.00	79.40	82.50
Composition { Huile	19.80	23.00	26.50
de } Eau.................	51.10	40.60	34.10
la pulpe ' Cellulose, etc.... ...	15.10	15.80	21.90

La Verdale fournit peu d'huile, de qualité variable avec le terrain et en général peu estimée.

ROUGET

Synonymes. — ROUGETTE (Montpellier, Beaucaire). — ROUSSEOUN (Avignon). — MARVEILLETTO (Manosque). — PIGAU OU ROUGETTE. Laure (Bouches-du-Rhône). — VERMILLAU (Gard). — OLEA RUBICANS. Rozier.

---

(1) Le n° 1 provient d'olives cueillies en 1882 dans les terrains marneux de l'École d'Agriculture de Montpellier ; les n°° 2 et 3, d'olives récoltées dans les terres de garrigues de Saint-Georges-d'Orques (Hérault) en 1883.

DESCRIPTION

Arbre vigoureux, atteignant un grand développement dans des conditions favorables, à *port* semi-érigé ; *tronc* cylindrique, cannelé. — *Écorce* gris-noirâtre, rugueuse. Les branches de charpente sont horizontales ou érigées. Les *formes* en boule ou en vase sont celles qui concordent le mieux avec son développement naturel. — *Rejets* très nombreux.

Rameaux nombreux, même sur le vieux bois, vigoureux, longs, minces, horizontaux ou semi-érigés, de couleur gris terne, rugueux, couverts de lenticelles assez nombreuses, petites et disséminées irrégulièrement. — *Bois* irrégulièrement cannelé, même sur les vieux rameaux ; *nœuds* proéminents.

Feuille lancéolée, assez courte, large (longueur moyenne, 5 1/2 à 6 1/2 centim.; largeur 1 à 1 1/4 centim.) – *Face supérieure* vert sombre, avec ponctuations assez nombreuses estompées sur les bords ; *face inférieure* à dépôt peu abondant, blanc verdâtre. — *Limbe* épais, à bords légèrement refoulés.— *Nervures* peu marquées sur les deux faces. — *Mucron* tendre, peu accusé, mais bien détaché, dans le plan de la feuille, – *Petiole* court très droit.

Les feuilles sont très nombreuses, et le couvert épais; de couleur foncée, insérées perpendiculairement sur les rameaux, les feuilles présentent presque toutes à l'extérieur leur face supérieure ; il en résulte que l'arbre, dans son ensemble, offre une teinte très foncée qui permet de le reconnaître à distance.

Fruits distribués sur toute la longueur des rameaux de deux ans, plus nombreux vers leur base, isolés ou groupés par 2, 3 ou 4. — *Pédoncule* assez long, assez gros, inséré dans une dépression peu profonde. — *Stigmate* peu apparent. — *Olive* *Rougel.*
de grosseur sous-moyenne ou petite (longueur 1 1/2 à 2 centim.; largeur de 1 à 1 1/4 centim.), de forme bien ovoïde, rétrécie aux deux extrémités.— Le fruit reste longtemps de couleur rouge clair, pour passer au noir-rougeâtre ; quelques olives restent rouges jusqu'à l'époque de la maturité générale, d'où le nom caractéristique de *Rougel.* Il est tiqueté d'assez nombreuses ponc-

tuations qui se détachent bien sur le fond rouge ou rougeâtre ;
pruine peu abondante, fruit assez luisant. — *Peau* assez épaisse ;
pulpe charnue, colorée par un jus rouge lie de vin assez abondant.
— *Noyau* moyen ou petit, de forme ovoïde allongée. Arbre de maturité très tardive.

OBSERVATIONS

Le Rouget est une variété très rustique à tous les points de
vue, et très précieuse pour le peuplement des terrains de mauvaise qualité. Elle prospère dans les sols de garrigues de l'Hérault, même au milieu des roches calcaires, où il ne semblerait
pas qu'il y eût place pour un végétal quelconque. Dans ces
conditions très défavorables, le Rouget atteint un développement satisfaisant et peut donner des récoltes régulières.
Dans les garrigues où il existe une couche de terre meuble,
plus ou moins graveleuse, le Rouget charge presque tous les
ans et donne des produits très abondants.

Les froids des grands hivers ont épargné cette variété,
dont il n'est pas difficile de retrouver des plantations très importantes dont l'âge moyen dépasse certainement deux cents
ans. On l'avait beaucoup multipliée dans le Languedoc avant
le développement des vignobles.

Composition des fruits du ROUGET

(Analyses de M. A. BOUFFARD)

	1882	1883		1886	
	a	b	c	d	e
Poids moyen d'une olive........	2.20	1.89	2.30	1.75	2.90
Poids des noyaux o/o......... ..	28.90	19.10	18.80	24.40	17.70
Poids de la pulpe o/o..........	79.40	80.90	81.20	75.60	87.30
Composition { Huile........	13.43	15.88	19.82	5.50	6.29
de { Eau	43.00	39.20	39.71	46.70	43.04
la pulpe { Cellulose, etc..	13.57	25.86	21.67	23.33	32.97

a École d'Agriculture. — *b* Saint-Georges, non flétries. — *c* Saint-Georges, non
flétries. — *d* École d'Agriculture, olives légèrement flétries. — *e* École d'Agriculture, non flétries.

Le Rouget donne une huile d'assez bonne qualité. Il s'en consomme aussi une assez grande quantité à l'état d'olives confites. Pour ce dernier usage, on les cueille quand elles sont encore rougeâtres.

PICHOLINE

Synonymes. — Picḥouline, Pécholine, Pijouline (Languedoc). — Saurine. *Rozier* (Nîmes). — Sausen, Saugen, Sauzin (Gard). — Saurenque (Aix). — Plant de Saurin, Saurine punchudo (Marseille). — Piquotte, Piquette (Béziers). — Coïasse ou Colliasse. *Reynaud.* — Lucques batarde (quelques localités de l'Hérault). — Olivo lechin. *Tablada.* — Pignola. *Duhamel* (Gênes). — Olea ovalis. *Clemente.* — Olea europæa saurina. *Risso.* — Olea europæa oblonga. *Gouan.* — Olea fructu oblongo minore. *Tournefort.* — Olea minor oblonga. *Magnol.*

DESCRIPTION

Arbre de vigueur et de dimensions moyennes, à port étalé ; tronc cylindrique. — L'*écorce* se détache aisément du tronc, en larges lanières irrégulières. Les branches de charpente sont horizontales ou légèrement dressées. — *Rejets* peu nombreux.

Rameaux peu vigoureux, courts, gros, s'insérant à angle droit, de *couleur* gris-jaunâtre, à écorce assez rugueuse, couverts de très nombreuses lenticelles bien apparentes. — *Bois* cylindrique ou très légèrement aplati ; nœuds peu apparents.

Feuille ovale-lancéolée, souvent élargie à la partie supérieure, de longueur moyenne, assez large (longueur moyenne 5 1/2 à 6 1/2 centim.; largeur 1 1/4 à 1 1/2 centim.). — *Face supérieure* vert foncé terne ; *face inférieure* à dépôt peu épais, blanc sale. — *Limbe* très épais, dur, cassant. — *Nervures* bien apparentes à la face inférieure. — *Mucron* court, épais, assez dur, très recourbé vers la face supérieure de la feuille. — *Pétiole* gros, long, peu contourné.

La feuille est sensiblement plane ; elle a les bords très peu refoulés. Les feuilles, accumulées en grand nombre sur les rameaux jeunes, fournissent un couvert assez épais.

Fruits généra'ement accumulés vers la base des rameaux de l'année, isolés ou groupés par deux sur des pédicelles très courts.

— *Pédoncule* très gros, court, s'insérant dans une assez large dépression du fruit. *Stigmate* persistant dans un ombilic peu apparent. — *Olive* de grosseur un peu au-dessus de la moyenne (longueur 2 1/2 à 3 centim.; largeur 1 à 1 1/4 centim.), de forme ovoïde allongée, mais plus grosse près du pédoncule, allant en se rétrécissant vers la pointe, et asymétrique, fortement bombée d'un côté ; à pointe non détachée (forme intermédiaire entre celle de l'*Olivière* et celle de la *Lucques*). — Le fruit passe du vert clair au rouge lie de vin, puis au noir-rougeâtre. La surface porte de nombreuses tiquetures, assez apparentes ; peu de pruine. — *Peau* fine, pulpe abondante, assez charnue, de couleur rouge lie de vin foncé. — *Noyau* petit, très allongé, pointu aux deux extrémités, à courbure plus accusée que celle de l'olive ne l'est généralement.

Arbre de moyenne maturité.

Picholine.

OBSERVATIONS

La Picholine est très répandue dans certaines parties de la Provence, notamment aux environs d'Aix, de Tarascon, de Marseille. On la retrouve un peu partout dans le Languedoc, mais à titre seulement de variété secondaire, sauf peut-être dans quelques localités du département du Gard.

C'est une variété de bonne production, et assez régulière. Assez rustique, elle supporte bien les amputations très rigoureuses auxquelles la soumet le système de taille usité dans la Haute-Provence. On la cultive tantôt pour l'huile, tantôt pour la cueillir verte, en vue de la confire. La Picholine est une olive délicate, aussi estimée que la Verdale pour les usages de la table, et que l'on vend souvent sous le nom de Lucques (dont elle rappelle un *peu* la forme, comme nous l'avons indiqué plus haut).

Composition des fruits de la PICHOLINE

(Analyses de M. A. Bouffard)

	1882	1883	1886
	a	b	c
Poids moyen d'une olive	3.80	4.20	5.03
Poids des noyaux o/o	12.00	11.00	9.40
Poids de la pulpe o/o...............	88.00	89.00	90.60
Composition ⎰ Huile	19 36	19.50	11.50
de ⎱ Eau	31.00	50.34	67.12
la pulpe ⎰ Cellulose, etc.	17.64	19.16	11.97

a École d'Agriculture. — b École d'Agriculture, olives non flétries. — c École d'Agriculture, non flétries.

L'huile que fournit la Picholine est de très bonne qualité.

SAILLERNE

Synonymes.— SAGERNE.— OLEA MINOR, ROTUNDA, RUBRO-NIGRICANS: *Tournefort.* — OLEA ATRO-RUBENS. *Flor. Monsp.*

DESCRIPTION

Arbre très vigoureux, moyen ou grand, à port étalé ; *tronc* très gros, élargi à la base. --- L'écorce s'excorie longitudinalement en fines lanières de couleur noirâtre. Les branches de charpente sont horizontales ou très légèrement dressées. — *Rejets* très nombreux ; c'est une des variétés qui en donnent le plus.

Rameaux assez vigoureux, généralement peu nombreux, gros, très renflés à leur insertion, de *couleur* jaune sale, striés longitudinalement et couverts d'assez nombreuses lenticelles très apparentes. — *Bois* franchement *cannelé* ; *nœuds* peu proéminents.

Feuille lancéolée, régulière, courte, relativement large (longueur moyenne 6 à 7 centim.; largeur 1 1/4 à 1 1/2 centim.). —

Face supérieure vert clair luisant, un peu rugueuse ; *face inférieure* à dépôt assez abondant, blanc sale. - *Limbe* peu épais, souple. — *Nervures* bien dessinées à la face supérieure. — *Mucron* bien détaché sur la pointe large de la feuille, dur, court, recourbé. — *Pétiole* gros, court, contourné, ramenant les feuilles l'une sur l'autre d'un même côté du rameau.

La feuille est à peu près plate, ses bords n'étant que très légèrement refoulés. Le couvert de l'arbre, peu garni de feuilles à l'intérieur, est toujours assez clair.

Fruits le plus souvent isolés, parfois groupés par deux, sur les rameaux de deux ans. — *Pédoncule* long (fruits pendants), inséré dans une dépression peu profonde du fruit. — *Stigmate* persistant dans un ombilic bien marqué.— *Olive* assez petite (longueur 1 1/2 à 2 centim.; largeur 1 à 1 1/4 centim.), de forme presque ovoïde, un peu allongée, légèrement bombée d'un côté. Le fruit est noir foncé à la maturité et couvert d'une pruine abondante. — *Peau* fine ; pulpe peu abondante, peu charnue, juteuse, colorée en rouge vineux foncé. — *Noyau* gros, de même forme que l'olive.

Saillerne.

Arbre de moyenne maturité.

OBSERVATIONS

La Saillerne est une variété assez répandue en Provence, surtout dans les environs d'Aix, et dans le Languedoc.

C'est un arbre assez délicat, sensible aux froids ; aussi n'en existe-t-il pas beaucoup de très vieilles plantations. C'est néanmoins une variété méritante, surtout à cause de l'excellente qualité de son huile. Elle est bien productive, charge presque tous les ans, et mérite d'être propagée dans les situations et les localités où les hivers ne sont jamais très rigoureux.

Composition des fruits de la SAILLERNE

(Analyses de M. A. BOUFFARD)

	1882	1883		1886
	a	*b*	*c*	*d*
Poids moyen d'une olive......	1.34	2.99	2.13	2.20
Poids des noyaux o/o.........	28.80	15.40	22.50	22.00
Poids de la pulpe o/o.........	71.20	84.60	77.50	78.00
Composition ⎱ Huile.......	20.00	13.35	24.50	13.82
de ⎰ Eau	32.60	47.28	30.73	39.50
la pulpe ⎱ Cellulose,etc.	18.60	23.97	22.26	24.67

a École d'Agriculture, olives flétries. — *b* École d'Agriculture, olives non flétries. — *c* Saint-Georges, olives flétries. — *d* École d'Agriculture, olives légèrement flétries.

La Saillerne est presque exclusivement exploitée pour son huile.

AMELLAU

Synonymes. — AMENLAU, AMENLAOU, AMELLENQUE, AMANDIER, AMELLAUDE. — OLEA EUROPÆA AMYGDALINA. *Gouan*. — OLEA SATIVA MAJOR, OBLONGA, ANGULOSA, AMYGDALIFORMA. *Tournefort, Garidel, Magnol.*

DESCRIPTION

Arbre peu vigoureux, n'atteignant qu'exceptionnellement un âge avancé, à port semi-érigé ; *tronc petit, contourné,* souvent irrégulier. — L'*écorce* se détache du tronc en lanières; elle est assez persistante sur les branches charpentières. — Les branches de charpente sont horizontales ou légèrement pendantes. L'arbre, dans son ensemble, a la *forme* d'une boule. — *Rejets* nombreux.

Rameaux peu vigoureux, courts, érigés ou horizontaux : — jeunes rameaux horizontaux ou légèrement pendants, de *couleur* gris cendré, striés longitudinalement et portant des lenticelles très développées, mais peu nombreuses. — *Écorce* rugueuse. — *Bois* irrégulièrement aplati aux extrémités ; *nœuds* proéminents.

Le vieux bois ne fournit que très rarement de jeunes pousses.

Feuille spatulée-lancéolée, courte et large (longueur moyenne 4 à 6 centim. ; largeur 1 à 1 centim. 1/2). — *Face supérieure* vert olive, un peu terne ; *face inférieure* à dépôt peu épais, d'un blanc argenté un peu terne. — *Limbe* épais, assez coriace. — *Nervures* proéminentes à la face supérieure seulement. — *Mucron* assez apparent, peu aigu, formant simple prolongement de la feuille. — *Pétiole* gros, court, légèrement contourné sur lui-même.

La feuille est presque plate, les bords en étant très peu refoulés. — Le *couvert* de l'arbre est léger.

Fruits toujours ou presque toujours isolés, distribués irrégulièrement. — *Pédoncule* gros, court, s'insérant dans une dépression très profonde du fruit. — *Stigmate* peu apparent. — *Olive* très grosse (longueur 2 1/2 à 3 centim. ; largeur 1 1/2 à 2 centim.), de forme irrégulière, et rappelant celle de la coque verte de l'amande (d'où son nom) ; plus ou moins aplatie sur deux faces, elle porte en outre une ligne proéminente passant par les pôles du fruit, proéminence surtout bien apparente d'un côté ; en outre, toute sa surface est irrégulièrement bossuée. — Le fruit passe du vert clair au noir-rougeâtre très foncé, avec très peu de *pruine*. La surface est tiquetée de ponctuations blanchâtres nombreuses, mais petites. — *Peau* assez fine, pulpe abondante. — *Noyau* très gros, irrégulier, à pointe mousse, déprimé à l'extrémité inférieure.

Amellau.

Arbre de *maturité* assez précoce.

OBSERVATIONS

L'Amellau est une variété assez répandue, mais rarement en plantations importantes. On la rencontre dans l'Hérault, le Gard et diverses parties de la Provence.

L'olive est fort grosse, ce qui lui donne une certaine valeur pour la confiserie. Mais, d'un autre côté, l'arbre est très peu productif, et cette considération suffit à la faire rejeter par la culture.

La taille de l'Amellau demande quelque attention. L'arbre porte une grande partie de ses fruits sur les rameaux *dressés* des ramifications secondaires : il ne faut pas supprimer ces rameaux érigés, comme on le fait habituellement pour les autres variétés.

L'olive est ordinairement réservée pour la consommation à l'état vert. Elle donne peu d'huile, mais cette huile est de très bonne qualité.

Composition des fruits de l'AMELLAU

(Analyses de M. A. Bouffard)

	N° 1	N° 2
	gr.	gr.
Poids moyen d'une olive..........	»	4.90
Poids de la pulpe o/o	72.8	81.90
Poids des noyaux....................	27.20	18.10
Composition { Huile..................	25.00	15.04
de { Eau....................	30.70	54.06
la pulpe (Cellulose, etc.....	17.00	12.80

N° 1. 1883. Fruit flétri.— N° 2. 1885. Fruit très gros, turgescent.

ARGENTALE

Synonymes. — Argentaou (Hérault). — Luzen (*luisant*) (Nîmes).

DESCRIPTION

Arbre très vigoureux, de grande taille, à *port* étalé ; *tronc* cylindrique, cannelé. Les branches de charpente sont horizontales ou retombantes. — *Rejets* nombreux.

Rameaux nombreux, vigoureux, gros, longs, étalés ou pendants, de couleur cendrée claire luisante, couverts de nombreuses lenticelles proéminentes. — *Bois* très nettement quadrangulaire, même dans les rameaux de deux ou trois ans.

Feuille généralement spatulée, assez courte, très large (longueur moyenne 5 à 6 centim. ; largeur 1 $^1/_2$ à 2 centim.). — *Face supérieure* vert foncé, parsemée de très nombreuses ponctuations gris cendré ; *face inférieure* à dépôt abondant et luisant, gris argenté. — *Limbe* épais, à bords non refoulés. — *Nervure* principale bien marquée dans une dépression à la face supérieure. — *Mucron* petit, bien détaché, pointu, assez tendre. — *Pétiole* gros et plus ou moins contourné.

Les feuilles sont nombreuses et le *couvert* épais. Les feuilles, insérées à angle presque droit sur les rameaux, contournées sur leurs pédoncules, présentent généralement à l'extérieur leur face inférieure. Grâce à cette disposition et à la coloration des rameaux et de la face inférieure des feuilles, l'arbre apparaît de loin avec une teinte argentée qui lui a valu son nom.

Fruits accumulés à la base des rameaux, presque toujours groupés par 3 ou 4. — *Pédoncule* long ou très long, atteignant souvent 4 et 5 centim., de grosseur moyenne, de couleur jaune sale et bien quadrangulaire. — *Pédicelles* courts, s'insérant dans une dépression peu profonde. — *Stigmate* persistant peu apparent. — *Olive* petite ou moyenne (longueur de 1 $^1/_2$ à 2 centim. ; largeur de 1 à 1 $^1/_2$ centim.), de forme ovoïde, à pointe mousse. Le fruit est noir, légèrement tiqueté, et couvert d'une *pruine* très abondante qui s'harmonise avec la teinte générale de l'arbre. — *Peau* épaisse ; pulpe peu charnue, de couleur blanc-verdâtre, à jus peu abondant. — *Noyau* très gros par rapport à l'olive, de forme ovoïde un peu allongée, à forme rugueuse.

Arbre de maturité précoce.

Argentale.

OBSERVATIONS

L'Argentale est une variété peu répandue. Elle est précoce ; son huile est de bonne qualité, mais sa faible production relative empêche qu'on ne la multiplie dans les localités où on la connaît.

Composition des fruits de l'ARGENTALE

(Analyses de M. A. BOUFFARD)

		N° 1
		gr.
Poids moyen d'une olive............................		2.20
Poids de la pulpe o/o...............................		77.00
Poids des noyaux...................................		23.0
Composition	Huile.	11.0
de	Eau..............................	45.00
la pulpe	Cellulose, etc.....................	21.00

1885. Fruit turgescent non flétri.

CORNIALE

Synonymes. — CORNALE, COURNALE, COURNIALE, PENDOULIER, LUC-
QUES BATARDE (Hérault). — COURNIAOU, CORNAOU (Languedoc).
— OLIVIER A FRUIT DE CORNOUILLER, COURMEAU, CORNIAU, GOUR-
GNALE OU PLANT DE SALON. *Rozier*. — COURNEAUD OU COURNIALE,
COUCNÉSALE(Gard). — OLIVIER BRUN, CURNET (Provence). — (?) TA-
GLIASCA (Gênes) — PENDOULIER (La Ciotat). — SALONENQUE (Mar-
seille). — OLIVA CORNICABRA. *Tablada*. — OLEA EUROPÆA ROSTRATA.
Clemente.

DESCRIPTION

Arbre très vigoureux, atteignant de grandes dimensions dans
des conditions favorables, à *port* caractéristique, rappelant celui d'un
saule pleureur ; *tronc* gros, cylindrique, non cannelé. — *Écorce* noir-
grisâtre, se détachant parfois en très fines lanières. — Les branches
de charpente sont généralement inclinées vers le sol, et les jeunes
rameaux, grêles, et très longs, tombent perpendiculairement vers le
sol. L'arbre, vu de loin, présente absolument l'aspect d'un saule
pleureur. — *Rejets* habituellement très nombreux.

Rameaux jeunes, très longs, très grêles, nombreux, insérés à
angle droit, mais retombant perpendiculairement vers le sol. —

La *couleur* gris cendré des jeunes rameaux disparaît rapidement pour faire place à une teinte jaune clair, passant au vert sur les rameaux plus âgés. — *Bois* nettement cannelé et aplati sur les rameaux jeunes ; à *lenticelles* peu nombreuses, peu apparentes et irrégulièrement distribuées. — *Écorce* lisse sur les rameaux jeunes, à *nœuds* très proéminents.

Feuille ovale lancéolée, allongée, très amincie au sommet (longueur moyenne 6 à 8 $^1/_2$ centim. ; largeur 1 à 1 $^1/_2$ centim.). — *Face supérieure* vert clair luisant ; *face inférieure* à dépôt gris argenté peu abondant. — *Limbe* assez épais, à bords refoulés. — *Nervures* bien apparentes à la face supérieure. — *Mucron* long, assez dur, peu dévié. — *Pétiole* assez long, grêle, légèrement contourné.

Les feuilles sont très abondantes et le *couvert* de l'arbre est assez épais. Les feuilles sont souvent contournées sur leur pétiole de façon à présenter à l'extérieur leur face inférieure.

Fruits régulièrement distribués sur les rameaux, parfois isolés, mais le plus souvent groupés par 2 et 3 et même en grappes de 5 à 6. — *Pédoncule* long, grêle, vert clair, s'insérant dans une dépression peu profonde. — *Stigmate* et ombilic peu apparents. — *Olive* de grosseur moyenne ou sur-moyenne (longueur 2 $^1/_4$ à 2 $^3/_4$ centimètre ; largeur 1 à 1 $^1/_4$ centim.), de forme irrégulière, rappelant celle du fruit du cornouiller, rétrécie à l'insertion, bombée d'un côté et légèrement incurvée de l'autre, se terminant brusquement en pointe obtuse.

Corniale. — Le fruit passe du rouge au noir foncé, à maturité ; peu de pruine, peau très luisante, très légèrement pointillée. — *Peau* fine ; pulpe peu charnue, colorée par un jus très foncé, rouge-noirâtre, assez abondant. — *Noyau* gros par rapport au fruit, ayant la forme générale de l'olive, mais plus pointu à l'extrémité.

Arbre de deuxième *maturité*.

OBSERVATIONS

La *Corniale* est sans doute le plus beau des Oliviers de France. Ses dimensions remarquables et son aspect de saule pleureur lui donnent un caractère ornemental que l'on ne retrouve dans aucune autre variété.

Il n'en existe nulle part de plantations importantes ; il est disséminé un peu partout, dans le Languedoc et la Provence, au milieu de variétés plus répandues. Il n'est pas sans mérite cependant ; sa production est très abondante, peut-être il est vrai, moins régulière que celle de l'Olivière ou du Rouget.

La Corniale est un arbre vigoureux et de longue durée, mais qui convient surtout aux terrains de bonne ou de moyenne qualité. Huile fine.

Composition des fruits de la CORNIALE

(Analyse de M. A. BOUFFARD)

		gr.
Poids moyen d'une olive...........................		1.70
Pulpe pour o/o d'olives.		75.40
Poids des noyaux..................................		24.60
Composition	Huile	15.00
de la	Eau......................	39.20
pulpe pour o/o d'olives	Cellulose, etc..............	21.20

PETITE CORNIALE

La *Petite Corniale* présente, en raccourci, les mêmes caractères que la Corniale. Feuille plus étroite, olive plus mince mais de forme et d'aspect identiques.

Moins vigoureuse et moins productive que la précédente, cette variété ne semble pas devoir être recommandée.

Petite corniale.

BLANCALE

Synonymes. — (?) BLANQUET (Languedoc).

DESCRIPTION

Arbre peu vigoureux, à port étalé ; tronc cylindrique, non cannelé. — *Écorce* grise, fendillée sur le tronc et les branches de charpente, se détachant en lanières courtes. Le *port* de cet arbre ne présente rien de particulier.

Rameaux jeunes peu vigoureux, insérés à angle presque droit ; de *couleur* gris sale au début, passant au vert-jaunâtre sur le bois de 2 ans. — *Bois* nettement quadrangulaire à la base, cylindrique sur les rameaux plus âgés, parsemé de très nombreuses lenticelles ; *nœuds* peu proéminents.

Feuille allongée, lancéolée, étroite, moyenne (longueur moyenne, 6 centim. ; largeur, 1 1/4 centim.). — *Face supérieure* vert foncé un peu terne ; *face inférieure* blanc-verdâtre, dépôt peu épais. · *Limbe* épais, coriace, à bords très refoulés, formant gouttière. — *Nervure* principale très marquée à la face inférieure ; *nervures* secondaires peu apparentes. — *Mucron* assez long, aigu, peu recourbé. — *Pétiole* moyen ou court, s'insérant à angle aigu, surtout à l'extrémité des rameaux.

Les feuilles sont assez nombreuses et le *couvert* de l'arbre est moyen. Ces feuilles sont en majorité relevées le long des rameaux, de façon à présenter leur face inférieure à l'extérieur.

Fruits agglomérés vers la base des rameaux, rarement groupés. — *Pédoncule* moyen ou court, assez mince, s'insérant dans une dépression du fruit peu profonde. — *Stigmate* peu apparent. — *Olive* moyenne ou grosse (longueur, 2 à 2 1/4 centim. ; largeur 1 2/3 à 1 3/4 centim.), de forme ovoïde assez régulière, parfois un peu déprimée vers l'extrémité. — Le fruit passe du rouge au rouge-noirâtre à maturité ; il est assez abondamment pointillé ; *pruine* peu abondante. Peau assez épaisse ; pulpe colorée par un jus rouge assez abondant. — *Noyau* moyen, de forme plus allongée que celle de l'olive et assez fortement bombé d'un côté. — Arbre de *maturité* tardive.

Blancale

OBSERVATIONS.

La *Blancale* est un peu répandue ; on ne la rencontre que par échantillons isolés dans les plantations du Languedoc. Sa production est plutôt faible, son huile de qualité moyenne. C'est une variété que l'on conserve là où elle existe, mais que l'on ne propage pas.

Composition des fruits de la BLANCALE

(Analyse de M. A. Bouffard)

		gr.
Poids moyen d'une olive.		4.2
Pulpe pour o/o d'olives.		75.50
Poids des noyaux.		24.50
Composition de la pulpe pour o/o d'olives	Huile.	10.50
	Eau.	44.00
	Cellulose, etc.	21.00

ROSE

Synonymes. — Pas de synonyme connu.

DESCRIPTION.

Arbre assez vigoureux, de développement moyen, à *port* étalé ; *tronc* cylindrique. — *Écorce* grisâtre, fendillée sur le tronc et les branches de charpente. Aucun caractère particulier dans le *port*.

Rameaux jeunes assez vigoureux, s'insérant à angle presque droit. — La *couleur* gris cendré des rameaux de l'année passe ensuite au gris-verdâtre. — *Bois* nettement quadrangulaire sur les jeunes rameaux, parsemé d'assez nombreuses lenticelles : *nœuds* moyens.

Feuille allongée, ovale lancéolée, quelquefois légèrement spatulée, de dimensions moyennes (longueur 6 à 7 centim. ; largeur 1 1/4 à 1 1/2 — *Face supérieure* vert foncé luisant; *face inférieure* blanc-verdâtre, à dépôt peu abondant. — *Limbe* assez épais, à bords légèrement refoulés. — *Nervure* principale seule bien marquée sur les deux faces. — *Mucron* plutôt court, très peu aigu, légèrement recourbé. — *Pétiole* moyen ou court, s'insérant à angle aigu.

Les feuilles sont en moyenne abondance et le *couvert* de l'arbre n'est pas très épais; elles se replient sur leur pétiole, de façon à prendre une situation à peu près perpendiculaire aux rameaux qui les portent.

Fruits agglomérés à la base des rameaux, souvent groupés par 2 et 3. — *Pédoncule* long ou moyen, s'insérant dans une dépression du fruit très profonde. — *Stigmate* peu apparent. — *Olive* sur-moyenne ou grosse (longueur 2 3/4 centim.; largeur 1 1/2 centim.), de forme cylindro-conique, mais assez aplatie d'un côté, se terminant en pointe mousse. Le fruit passe du rouge au noir un peu rougeâtre à maturité. Il est légèrement pointillé et porte peu de pruine. — *Peau* fine, pulpe blanchâtre, colorée en rose par un jus très abondant — *Noyau* assez gros, de forme plus allongée que l'olive et à pointe mieux détachée.

Rose.

Arbre de deuxième *maturité*.

OBSERVATIONS

La *Rose* n'existe en Languedoc qu'en petite quantité. C'est une variété de production assez régulière et qui mériterait peut-être d'être propagée. Elle pourrait être utilisée comme olive à confire.

REDONALE

Synonymes. — REDOUNALE, REDOUNAOU (Montpellier). — REDONDALE (Béziers). — REDOUNEAU, POMÉRALE (Gard et Bouches-du-Rhône). — (?) POUMAOU (Vaucluse). — (?) PRUNEAU (Marseille).

DESCRIPTION

Arbre assez vigoureux, de dimensions moyennes, à *port* étalé; tronc cylindrique. — *Écorce* gris-noirâtre, assez fendillée sur le tronc et les branches de charpente.

Rien de particulier dans le *port* de l'arbre. — Rejets ordinairement peu nombreux.

Rameaux jeunes moyennement vigoureux, courts, s'insérant à angle assez aigu, de couleur gris cendré passant au gris sale sur les bois de 2 ans. — *Bois* presque cylindrique, quadrangulaire seulement à l'extrémité des jeunes rameaux, ne portant que de très rares lenticelles peu marquées ; *nœuds* peu proéminents.

Feuille courte et relativement large, régulièrement ovale ou quelquefois spatulée (longueur moyenne 4 à 4 1/3 centim. ; largeur 1 1/4 à 1 1/3 centim.). *Face supérieure* vert foncé un peu terne ; face inférieure à dépôt blanc assez épais. — *Limbe* assez épais, à bords très peu refoulés. — *Nervure* principale bien apparente sur les deux faces. — *Mucron* assez long, très dur et très aigu, généralement bien droit. — *Pétiole* moyen, s'insérant à angle assez aigu.

Les feuilles sont assez nombreuses, mais de petites dimensions ; le *couvert* de l'arbre est assez léger.

Fruits régulièrement répartis sur les rameaux, habituellement groupés par 2, le second prenant naissance sur le pédoncule du premier par un pédicelle extrêmement réduit. — *Pédoncule* moyen inséré dans une dépression très large et très profonde du fruit. — *Stigmate* peu apparent dans un ombilic bien marqué. — *Olive* de grosseur sous-moyenne ou petite (longueur 1 1/2 à 1 3/4; largeur 1 1/4 à 1 1/2 centim.), presque sphérique, de forme très régulière, seulement un peu aplatie à la base. — Le fruit passe du rouge au noir-violacé à maturité. Il est très abondamment pointillé et porte

Redonale

peu de pruine. — *Peau* assez épaisse ; pulpe blanchâtre, colorée en rouge par un jus peu abondant. — *Noyau* assez gros par rapport à l'olive, de forme plus allongée que celle de l'olive, et surtout beaucoup plus pointu.

OBSERVATIONS

La *Redonale* est assez répandue dans le Languedoc et certaines parties de la Provence. C'est une variété de moyen mérite, et que l'on ne propage guère aujourd'hui. Sa production est assez régulière, mais peu abondante.

Composition des fruits de la REDONALE

(Analyse de M. A. BOUFFARD)

	gr.
Poids d'une olive...............................	2.5
Pulpe pour o/o d'olives........................	76.80
Noyaux pour o/o d'olives..	23.14
Huile dans la pulpe pour o/o d'olives.............	13.68

MOIRALE

Synonymes. — MOURAU, MOURAOU, MOURE, MOURAUDE, MOURES-
CALE (Hérault). — MOURAOUDO (Aude). — MOURFAU, MOURELET, LA
MORE (Gard). — MOURETTO (Aix). — (?) RIBIÈRE, (?) RIBIÉ, (?) ROU-
BEIRO (Provence).

DESCRIPTION

Arbre vigoureux, d'assez grandes dimensions, à *port* étalé et
retombant. — *Écorce* grise, peu fendillée. — *Rejets* ordinairement
nombreux.

Rameaux jeunes très vigoureux, s'insérant à angle peu aigu.
— *Couleur* des rameaux d'abord gris sale, puis gris-verdâtre sur
le bois de deux ans. — *Bois* presque cylindrique, quadrangulaire
seulement à l'extrémité des jeunes rameaux ; à lenticelles peu nombreuses et peu apparentes ; *nœuds* moyens.

Feuille assez longue et large, lancéolée ou plus souvent légèrement spatulée (longueur moyenne 6 à 7 1/2 cent.; largeur 1 1/4 à
1 3/4 cent,). — *Face supérieure* vert foncé luisant : *face inférieure*
à dépôt épais. — *Limbe* épais, à bords très peu refoulés. — *Nervure*
principale bien marquée sur les deux faces. — *Mucron* court, peu
aigu, recourbé vers la face inférieure de la feuille. — *Pétiole* moyen,
s'insérant à angle assez ouvert sur les rameaux.
Les feuilles sont très nombreuses, assez grandes, et le *couvert* est
très épais.

Fruits régulièrement distribués sur toute la longueur des rameaux, le plus souvent isolés, parfois réunis par deux. — *Pédoncule*

assez court, *pédicelle* assez long, insérés dans une dépression assez profonde du fruit. — *Stigmate* peu apparent dans un ombilic bien marqué. — *Olive* de grosseur sous-moyenne ou petite (longueur 1 1/2 à 1 2/3 cent., largeur 1 1/4 à 1 1/3 cent.), de forme ovoïde presque absolument régulière, seulement un peu obtuse aux deux extrémités.

A maturité, le fruit est de *couleur* noir foncé luisant, avec très peu de pruine, et très légèrement pointillé. *Peau* assez épaisse ; pulpe colorée en rouge vineux foncé par un jus peu abondant. — *Noyau* très gros, de la même forme à peu près que l'olive, portant une rainure profonde dans le sens longitudinal.

Arbre de première *maturité*.

OBSERVATIONS

La *Moirale* était autrefois très répandue et très estimée dans le Languedoc ; on lui reprochait seulement sa maturité trop hâtive, qui obligeait de la récolter séparément si l'on ne voulait laisser tomber les olives. Comme cette variété est assez régulièrement productive, elle pourrait utilement trouver place dans une plantation importante, où l'on aurait intérêt à répartir le travail de la cueillette en un plus long espace de temps. Elle a été peu multipliée cependant, en raison sans doute de la petitesse de son fruit.

Composition des fruits de la MOIRALE

(Analyse de M. A. BOUFFARD)

	gr.
Poids d'une olive....................................	1.27
Pulpe pour o/o d'olives..............................	76.50
Noyaux pour o/o d'olives.............................	23.50
Composition { Huile....................	13 78
de la { Eau	38.59
pulpe pour o/o d'olives { Cellulose, etc	24.13

CAILLET

Synonymes.—Cayé, Cailletier, Caillette ou Cayette (Provence).
— Cayon (Hérault). — Olivier de Grasse. *Bernard.* — (?) Olivier
pleureur, Cournaud, Cormaou (par confusion avec la *Corniale*).
— Olea europæa Corniola. *Risso.*

DESCRIPTION

Arbre grand et vigoureux, à *port* pyramidal; *tronc* gros, cylindrique, non cannelé. — *Écorce* gris terne. — *Rejets* nombreux.

Rameaux très nombreux, vigoureux, insérés à angle droit,
retombant vers le sol lorsqu'ils commencent à s'allonger et à se
ramifier. Trois ans après la taille, ces rameaux deviennent souvent
assez longs pour rappeler un peu le *port* de la Corniale. — La *couleur* des jeunes rameaux est gris clair, elle se fonce et se ternit
avec l'âge.

Bois nettement cannelé; à *lenticelles* peu nombreuses et peu apparentes. — *Écorce* lisse sur les jeunes rameaux, à *nœuds* peu proéminents.

Feuille moyenne ou grande (longueur moyenne 6 1/2 à 8 cent.;
largeur 1 à 1 1/2 cent.). Parfois ovale lancéolée, assez souvent spatulée. *Face supérieure* vert très foncé; *face inférieure* verdâtre, à
dépôt peu abondant. — *Limbe* épais, à bords refou-
lés. — *Nervure* principale très apparente à la face
supérieure. — *Mucron* long, recourbé en dessous. —
Pétiole court. — Les feuilles sont abondantes, et le
couvert de l'arbre est épais.

Fruits régulièrement distribués sur les rameaux, isolés ou très souvent groupés par 2, et,
dans ce dernier cas, à *pédicelle* assez long. —
Pédoncule moyen, assez gros, vert terne, inséré
dans une dépression large et peu profonde. — *Olive*
de grosseur moyenne ou sur-moyenne (longueur 2 1/2 cent., largeur
1 1/4 à 1 1/2 cent.), de forme ovoïde allongée, légèrement aplatie
d'un côté et renflée de l'autre, plus grosse vers l'extrémité, qui est

Caillet.

obtuse. — Le fruit est d'un noir un peu violacé à la maturité; peu de pruine; peau assez luisante, à lenticelles à peine visibles. — *Peau* fine, pulpe charnue, colorée par un jus violacé foncé, peu abondant. — *Noyau* gros, de même forme que l'olive, mais plus pointu.

Arbre de deuxième *maturité*.

OBSERVATIONS

Le *Caillet* ou *Cailletier* est la variété la plus répandue dans les Alpes-Maritimes. Aux environs de Grasse et de Nice, c'est la seule que l'on multiplie par voie de plantation et surtout de greffage, pour remplacer les diverses autres variétés encore répandues dans la région. Sur les coteaux qui dominent Grasse et Nice, les oliviers ont presque partout acquis de grandes dimensions, qui rendent d'ailleurs plus onéreuses les opérations de taille et de récolte.

Le Caillet est un arbre de très longue durée, et l'on en rencontre, sur les bords de la Méditerranée, un nombre considérable d'échantillons arrivés à un âge très avancé.

C'est une variété productive et qui fournit les meilleures huiles de la Provence.

RIBEYRO

Synonymes. — RIBIER. — FAUX-RIBIER (Grasse).

On désigne, à Grasse, sous le nom de *Ribier* et *Faux-Ribier*, ou encore de *Sauvages*, diverses variétés qui se rapprochent plus ou moins du Caillet.

La plus répandue répond aux caractères suivants :

Arbre élancé, vigoureux, à rameaux dressés ou peu retombants.

Rameaux grêles, assez nombreux. — *Bois* quadrangulaire.

Feuille assez régulièrement ovale-lancéolée, moyenne ou petite (longueur moyenne 4 1/2 à 5 centim., largeur 0,8 à 1 centim.). — *Face supérieure* vert clair ; *face inférieure* à dépôt assez abondant. — *Limbe* assez épais, à bords refoulés. — *Mucron* petit, recourbé en dessous. — *Pétiole* court.

Fruits régulièrement distribués sur les rameaux, isolés ou souvent groupés par 2. — *Pédoncule* moyen ou court, s'insérant dans une dépression profonde. — *Stigmate et ombilic* peu apparents. — *Olive* de grosseur moyenne (longueur 2 à 2 1/4 centim., largeur 1 à 1 1/4 centim.), de forme rappelant un peu celle du Caillet, mais plus régulièrement ovoïde, parfois aplatie sur les deux faces. — Le fruit est noir-bleuâtre à la maturité ; *pruine* très abondante.— *Noyau* gros.

Ribeyro.

Arbre de deuxième *maturité*.

OBSERVATIONS

Les diverses variétés de Ribier sont considérées, à Grasse, comme bien inférieures au Caillet. Moins productives que ce dernier, elles donnent une huile de moins bonne qualité. On greffe ces arbres avec le Caillet, chaque fois que l'occasion s'en présente, et dans tous les cas on ne les multiplie jamais.

BLANQUETIER D'ANTIBES

Synonymes. — Pas de synonyme connu.

DESCRIPTION

Arbre grand, vigoureux, à *port* érigé.

Rameaux vigoureux, d'un gris-jaunâtre. — *Bois* franchement cannelé sur les jeunes rameaux. Les rameaux sont généralement érigés.

Feuilles très caractéristiques, assez longues et très étroites

(longueur moyenne 5 à 7 cent.; largeur 0,8 à 1 cent.).— *Face supé-*
rieure vert clair ; *face inférieure* blanc-verdâtre. — *Limbe* assez
épais, à bords peu refoulés. — *Nervure* peu apparente. — *Mucron*
moyen, aigu, un peu recourbé en dessous.— *Pétiole*
moyen. Le feuillage, dans son ensemble, offre un
aspect gris-verdâtre ; le couvert de l'arbre est peu
épais.

Fruits le plus souvent isolés, parfois réunis par
deux, jamais agglomérés. — *Pédoncule* long, grêle,
inséré dans une dépression assez profonde. —
Stigmate peu apparent. — *Olive* moyenne de forme
un peu allongée, asymétrique, à dos un peu renflé,
à pointe obtuse (rappelant la *Corniale*). A maturité le fruit est noir
foncé, brillant. — *Peau* mince ; pulpe blanche à l'intérieur. —
Noyau moyen, asymétrique comme l'olive.

Blanquetier
d'Antibes.

OBSERVATIONS

Comme l'indique son nom, le Blanquetier est surtout cultivé à Antibes et s'écarte fort peu de cette région. Il est
d'ailleurs sensible au froid, ce qui limite naturellement son
aire de culture.

Il donne une huile très blanche, très fine, utilisée souvent
par la parfumerie, ce qui lui assure des prix de faveur ; cette
huile était aussi autrefois employée en horlogerie.

TRIPPUE

Synonymes. — Ventrue (Environs de Grasse).

Cette variété n'est signalée que pour mémoire. Elle est caractérisée par ses feuilles
larges et par la forme de l'olive.

Considérée comme de qualité inférieure,
elle n'est jamais multipliée.

Trippue.

DRAGUIGNAN

Draguignan.

On rencontre cette variété aux environs de Grasse. Les feuilles sont très larges; l'olive petite, de forme ovoïde irrégulière, est portée par un très long pédoncule. Elle n'existe qu'en très petite quantité dans cette région, et ne paraît pas devoir y être propagée.

ARABANE

Quelques arbres, peu nombreux, de cette variété se rencontrent dans toutes les plantations des Alpes-Maritimes. Les feuilles en sont très longues, très nombreuses, et forment un couvert épais. L'olive, de forme assez régulièrement ovoïde, fournit une huile de qualité moyenne ou médiocre. On conserve cette variété, mais on ne la multiplie pas.

Arabane.

DENT DE VERRAT

Synonymes. — DENT DE VER (au Bar, Alpes-Maritimes).

Arbre assez vigoureux, de dimensions moyennes, à port pyramidal.

Rameaux jeunes longs, gros et vigoureux.

Feuille lancéolée, allongée, très amincie au sommet (longueur moyenne 6 centim., largeur 3/4 à 1 centim.). — *face supérieure* vert clair; *face inférieure* à dépôt peu abondant. — *Limbe* peu épais, à bords refoulés. — *Nervure* bien apparente à la face supérieure. — *Mucron* long et mince. — *Pétiole* court.

Le couvert est assez léger.

Fruits régulièrement distribués sur les rameaux, souvent isolés. — *Pédoncule* long ou très long, grêle, s'insérant dans une dépression peu profonde. — *Olive* de grosseur moyenne ou petite (longueur 2 à 2 1/4 centim., largeur 1 à 1 1/4 centim.), de forme rappelant un peu celle de la Corniale, mais plus fortement incurvée à l'extrémité, qui se termine par une pointe bien accentuée. Le fruit, qui porte peu de *pruine*, est noir foncé luisant à maturité, très légèrement pointillé. — *Peau* fine, pulpe charnue et de coloration très foncée. — *Noyau* assez gros par rapport à l'olive, fortement incurvé et terminé en pointe recourbée très accentuée.

Dent de verrat.

Arbre de *maturité* assez hâtive.

OBSERVATIONS

On ne trouve cette variété en quantité notable que dans la commune du Bar, près de Grasse. On la considère comme assez productive, mais bien inférieure cependant au Caillet comme quantité et qualité.

On pourrait donner d'autres descriptions si l'on y voulait comprendre toutes les variétés d'intérêt secondaire que l'on rencontre sur des points limités. Il suffira sans doute de donner la nomenclature des autres variétés observées, en indiquant leur origine.

Variétés secondaires du Roussillon

O. **Coucournadelle** à gros fruits ; — O. **Guignole** ou **Coucournadelle** à petit fruits ; — O. **Pomale** ; — O. **Ouane**.

Variétés secondaires de Provence

Plant de Laty : — **Caillet rouge** ; — **Préauron** ; — **Coucourelle** ; — **Noire de Valbonne** ; — **Brutte-sacs**.

M. Mari, horticulteur à Nice, a réuni une importante collection d'oliviers de provenances diverses, parmi lesquels il désignait comme particulièrement intéressantes les variétés suivantes :

Olea Carmellina, à fruits absolument blancs même à maturité ; — **Olea Leccese**, importée d'Italie, signalée par M. Mari comme réfractaire aux atteintes du Dacus oleœ ; — **Olea Macrocarpa** ; — **Olea Minima** ; — **Olea Manna** et **Olea Condittiva**, remarquable par sa grosseur.

II. — VARIÉTÉS ALGÉRIENNES (1)

»Les variétés d'Oliviers cultivées en Algérie — écrit M. le Dr Trabut — sont assez nombreuses, chaque région a ses formes particulières et il est impossible d'assimiler ces Oliviers aux races connues dans les autres centres de culture de cet arbre.

»Les noms indigènes n'ont pas une grande fixité et des variétés très différentes ont une même dénomination, il y a cependant lieu d'adopter la nomenclature indigène qui seule permettra de retrouver facilement les variétés indiquées.

»Le tempérament de chaque race d'Olivier doit être bien connu quand on veut faire des plantations. Certains Oliviers ne donnent pas de récoltes s'ils ne sont pas arrosés, d'autres aiment les alluvions des vallées et ne donnent rien dans les marnes.

»Le Chemlal, qui est si beau dans le fond de la vallée de l'Oued-Sahel, jaunit et dépérit quand il est placé sur les versants du crétacé à Seddouk, où il est avantageusement remplacé par l'Adjeraz qui est peu fertile dans la plaine.

---

(1) D'après M. le Dr Trabut, directeur du service botanique du Gouvernement de l'Algérie : L'*Olivier en Algérie*. — Les figures des olives algériennes sont reproduites d'après les photographies de M. Trabut.

»Dans les plantations il est donc très important de ne pas accuellir trop facilement les Oliviers dont on ne connaît pas bien les aptitudes à supporter les particularités du sol ou du climat.

»Les Oliviers sont souvent, dans un but pratique, divisés en deux sections, les olives à gros fruits pour conserve, les olives à huile.

»Jusqu'à ce jour, la culture des olives pour conserve a été très limitée. On prélève sur les grosses olives ce que la consommation locale exige.

»Il y aurait cependant grand intérêt à cultiver, dans de bonnes conditions, les grosses olives qui existent déjà chez nous, mais à l'état de rareté, il faudrait aussi introduire d'Espagne, de Grèce et d'Asie-Mineure les belles olives à confire.

»Les olives à huile sont nombreuses et bien que l'étude n'en soit pas achevée, on peut trouver déjà les éléments suffisants pour les plantations à faire.

»L'énumération suivante n'est que le résultat d'une première investigation et ne doit être considérée que comme un catalogue provisoire, les races qui jouent un rôle important sont seules décrites.

Adjeraz de Seddouk. — Arbre moyen, plutôt petit, à feuillage dense, à branches étalées horizontales ; rameaux plus ou moins pendants, d'un vert foncé avec des reflets blancs très accusés. Feuilles moyennes très vertes en dessus, très blanches en dessous.

Olive moyenne, cylindro-conique, pointue, noyau assez gros, terminée par une pointe aiguë longue. Les plus grosses olives pèsent plus de 8 grammes, les moyennes 4 à 5.

L'Adjeraz convient pour les conserves et pour l'huile. Cueillie verte, elle a la chair blanche et la peau fine ; sous cette forme, elle pourrait être préparée en assez grande quantité dans la région de Bougie.

A maturité, l'Adjeraz est d'un beau noir et charnue ; séchée ou mise en saumure, elle donne encore de très bonnes conserves.

L'huile d'Adjeraz est très grasse et moins propre à l'exportation que celle de Chemlal.

L'Adjeraz présente un assez grand nombre de formes ; les plus intéressantes que j'ai notées sont :

Adjeraz des Beni-bou-Melek. — Arbre moins dense, feuilles moins blanches en dessous, belle variété pour les plantations.

Grosse Adjeraz d'Ali-Cherif. — Gros fruit pesant plus de 8 grammes.

Petite Adjeraz.

Petite Adjeraz d'Ali-Cherif. — Arbre beaucoup plus grand que le type, feuillage moins sombre, fruit très abondant, olive ne pesant que 3 gr. 5 en moyenne. Variété intéressante à suivre.

Bouchok.— Arbre élevé, feuilles grandes, larges. Fruit assez long, terminé par une pointe très marquée déjetée. Très bonne race pour conserve ; est plus précoce que l'Adjeraz, la chair est fine, il en existe un beau sujet à Bou-Khalfa, près Tizi-Ouzou.

Bouchok.

Chemlal de Kabylie. — Arbre de grande dimension, atteignant un âge très avancé, à feuillage vert clair, souvent vert jaune, formant un couvert assez clair ; feuilles grandes, allongées. Fruit abondant le long des rameaux, de forme ovoïde, pointu, un peu déprimé d'un côté, blanc, puis rouge et noir, pulpe charnue peu colorée. Cette olive ne pèse guère plus de 2 grammes à 2 gr. 5.

Assez répandu en Kabylie dans les alluvions, présente de nombreuses variations.

Le Chemlal est un olivier très estimé en Kabylie, son huile est très fine et convient très bien pour l'exportation. On peut rapprocher les différents Chemlal du Caillet et Blanquet de France. En Tunisie, le Chemlal de Sfax est justement estimé.

Chemlal.

On peut distinguer dans le Chemlal les formes suivantes :

Chemlal précoce de Tazmalt. — Très belle variété, très fertile.

Chemlal blanche d'Ali-Cherif. — Olive moyenne de 2 grammes, donne une huile presque incolore.

Azib d'Ali-Cherif, près Akbou.

Petite Chemlal pendante. — Rameaux pendants, fruits très petits, mais abondants.

Azib d'Ali-Cherif.

Chemlal de l'Oued-Aïssi. — Fruit moyen, abondant sur des rameaux allongés.

Oued-Aïssi, près Fort-National.

Chemlal de Sfax.

Chemlal de Djerba.

Chemlal de Tebourba.

Limli de Seddouk. — Arbre arrondi, bas, pouvant atteindre de grandes dimensions, feuillage vert foncé, dense, feuilles moyennes, fruits par groupes à la base des rameaux. Olive ovoïde, régulière, noire, bleue à maturité, à jus coloré, pesant un peu plus de 2 grammes, avec un noyau petit ne pesant que 19 o/o de la pulpe.

Le Limli, qui se rencontre surtout à une altitude de 400 mètres sur la rive droite de la Soummam, est un très bel arbre résistant bien à la sécheresse et donnant une belle olive — qui rend à Seddouk 13 litres d'huile pour 100 kil. d'olives.

Limli.

Grosse Aberkan des Beni-Aïdel. — Arbre moyen, feuillage vert foncé, fruit régulièrement ovoïde. Olive assez grosse pesant en moyenne 4 grammes, le poids du noyau est de 19 o/o du poids total.

L'huile est excellente, mais le rendement faible. Cette olive convient surtout pour faire des conserves d'olives noires, elle est très peu amère. J'ai vu des Kabyles la manger sans aucune préparation,

Les Beni-Aïdel, près Seddouk.

Grosse Aberkan.

Petite Aberkan de Seddouk. — Assez semblable à la grosse Aberkan, mais fruit toujours plus petit, ne pesant que 2 gr. 5, bonne variété, peu répandue, assez fertile, donne une huile très fine.

Seddouk.

Aaleth, Oualette des Beni-bou-Melek. — Arbre de grande dimension, élevé, feuilles moyennes, olives petites, arrondies, groupées à la base des rameaux.

Cet Olivier est encore assez abondant dans la région de Gouraya; chez les Beni-bou-Melek il paraît avoir été cultivé du temps des Romains, car on trouve encore de vieux sujets alignés et francs de pieds.

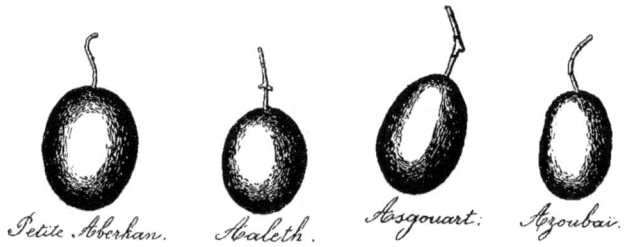

Petite Aberkan.   Aaleth.   Asgouart.   Azoubaï.

L'*Aaleth* est un des Oliviers qui conviennent pour les plantations en terre sèche, son huile est très fine.

Bou-Hamar ou **Asgouart** de la région de Gouraya.

Azoubaï, fruit allongé, Beni-bou-Melek.

Boudiss, se rapproche du Zeboudj, est cependant récolté, constitue un excellent porte-greffe.

Ardou, Beni-bou-Melek.

M'Chiada, Beni-bou-Melek.

Ziza, Beni-bou-Melek.

Aberkan, région de Gouraya.

Aberkan de Tizi-Ouzou. — Belle olive observée sur la rive droite du Sebaou, au-dessus de l'huilerie Aillaud.

Arhoni, petite noire.

Aabeche, Tizi-Ouzou.

Azibli, Tizi-Ouzou, forme à demi sauvage, peu estimée.

Akenna, Akbou.

Aberkan. de Tizi-Ouzou

Tefah. — Arbre peu élevé, à rameaux pendants, feuilles de la base du rameau larges. Olive en forme de pomme du poids de 7 grammes.

Le Tefah est cultivé par arbre isolé dans les jardins des indigènes, il donne de très gros fruits bons pour les conserves, mais le rendement est faible.

Tefah.

Olivier de Saint-Denis-du-Sig. — Arbre moyen, fruit assez gros, abondant, demande l'irrigation. Rendement considérable en huile, pouvant atteindre 18 et 20 litres pour 100 kil. d'olives.

Cet Olivier, très répandu dans l'Oranie, provient des anciennes plantations de Misserghin, il se multiplie facilement par bouture et se prête très bien à la constitution des olivettes irriguées. Le fruit est assez gros pour pouvoir être utilisé pour conserve. L'huile est fine et très estimée.

Olive rouge de Rio-Salado. — Olive ronde, rouge cerise, en terre sèche.

Olive de Mascara. — Olive régulière, ovoïde, produit beaucoup.

OLIVIERS DE LA RÉGION DE TLEMCEN

(d'après M. Soipteur)

Olive moyenne de Saf-Saf, assez fertile non irriguée.

Olive petite de Saf-Saf, non irriguée, moins répandue que la précédente, renommée pour l'huile.

Olive petite de Bréa, très fertile, les fruits sont souvent en grappes ou bouquets, assez répandue, terre non irriguée, huile très fine.

Olive moyenne de Bréa, fertile.

Grosse olive de Bréa, arbre petit, à rameaux pendants, tardif, olive très bonne pour conserve, médiocre pour l'huile.

OLIVES DE LA RÉGION DE CONSTANTINE

Olive de Gastu, fruit moyen, très fertile.

Olives du Hamma de Constantine :
a. Grosse olive ronde pour conserve;
b. Grosse olive ovoïde, très belle pour conserve, rappelle l'olive *Besbassi* de Tunis.

Cette olive de Constantine est la plus grosse olive de conserve que j'ai vue en Algérie, la chair est fine et savoureuse, le noyau moyen. Ces Oliviers sont cultivés dans des jardins arrosés. ».

III. — VARIÉTÉS DE TUNISIE (1)

« Les variétés d'olives sont très nombreuses en Tunisie — dit M. Minangoin — et ne paraissent pas, pour la plupart, exister en France. Les principales d'entre elles sont décrites dans cette étude. La liste complète de ces variétés, désignées par les Arabes sous des noms variant souvent d'une olivette à l'autre, est difficile à établir ; une même variété porte quelquefois plusieurs noms et le même nom est parfois appliqué à plusieurs variétés. Des soixante variétés auxquelles les Arabes donnent des noms différents, que nous avions réunies, nous avons dû en éliminer un certain nombre par

---

(1) D'après M. N. Minangoin, inspecteur de l'agriculture en Tunisie : *L'Olivier en Tunisie*. — Les figures des olives tunisiennes sont reproduites d'après les photographies de M. Minangoin.

suite de leur similitude; quarante variétés bien déterminées et connues ont été conservées. Il existe à la Direction de l'Agriculture et du Commerce un tableau renfermant les quarante variétés décrites, reproduites avec la couleur du fruit et de la feuille, au moment où elles ont été récoltées, du 1er au 15 novembre.

»Dans l'essai de classification ci-dessous, les olives de conserve ont été disposées par rang de grosseur, celles à huile d'après leur importance. Dans cette dernière catégorie, il y a des fruits qui peuvent également être mis en conserve, de même que, dans la première, plusieurs sont utilisés par les Arabes pour la fabrication de l'huile.

OLIVES DE CONSERVE

Barouni de Sousse. — Cette espèce se rencontre presque exclusivement dans les olivettes du Sahel et en particulier à Kalaâ-Srira.

Feuillage clair, feuilles longues, de 7 à 8 centimètres, étroites, vert clair à la face supérieure, blanchâtre à la face inférieure. Fruits isolés, très gros, en forme de poire renversée, d'un rouge vineux à la maturité, qui est très précoce; pédoncule long et fort; pulpe épaisse et blanche; noyau contourné, long, gros, terminé en pointe. Fleurit fin février.

Barouni.

Bidh el Hamam.

Bidh-el-Hamam (*œuf de pigeon*). — Se trouve dans les environs de Tunis, dans le Mornag, à l'Ariana.

Feuilles un peu moins longues et d'un vert plus foncé que dans la variété précédente, blanches en dessous, brusquement acuminées. Fruits très gros, cependant moins que le Barouni, isolés, ovales, ayant la forme d'un œuf, d'un rouge-noirâtre à la maturité, qui est également de première époque; pulpe abondante; pécondule court et fort; noyau court, gros, pointu, à sillons profonds. Fleurit en mars.

Besbassi. — Environs de Tunis, Tebourba, Zaghouan.

Feuilles moyennes, de 5 à 6 centimètres, d'un vert foncé en dessus,

très blanches en dessous, légèrement acuminées. Fruits très gros, isolés, ovales, très réguliers, sans pointes, verts et rouges, presque sessiles; pédoncule fort; noyau long, terminé en pointe, chair moins épaisse que dans les variétés précédentes. Fleurit fin mars.

Besbassi.

Zarazi.

Zarazi. — Existe un peu partout en Tunisie, aussi bien dans le Nord que dans le Sud. Donne un des plus beaux fruits pour la table.

Feuilles courtes, de 4 à 5 centimètres, larges, vert foncé en dessus, verdâtres en dessous; feuillage dense. Fruits gros, isolés, rouge foncé, allongés, terminés en pointe légèrement recourbée; pédoncule long et fort; noyau court, renflé à la partie inférieure. Fleurit en mars.

Yacouti. — Assez abondant dans les environs de Tunis, le Mornag en particulier.

Feuilles longues, de 6 à 7 centimètres, étroites, vert clair, très acuminées. Fruits gros, isolés, rougeâtre-noir, pruiné, à maturité précoce, ovales réguliers avec une très légère pointe un peu recourbée; pédoncule très fort, de 1 à 2 centimètres; noyau court, de grosseur moyenne, à sillons peu profonds. Fleurit en mars.

Yacouti.

Meski. — Abondant à Tunis, Zaghouan, Soliman.

Feuilles longues de 6 à 7 centimètres, d'un vert foncé en dessus, blanches en dessous. Fruits gros, ovales, presque ronds, rouges, souvent géminés, sessiles; pédoncule fort; noyau moyen, avec pointe recourbée. Fleurit en avril. Fruits peu amers.

Meski.

Marsaline.

Marsaline. — Abondant à Tunis, Soliman, Zaghouan.

Feuilles vert foncé, courtes, disposées en bouquets. Fruits gros, isolés, rouges, à pédoncule fort et court; noyau très gros; carré, avec une échancrure marquée, à sillons profonds. Fleurit 1er avril. Espèce un peu tardive.

Limi. — Existe à Teboursouk, Soliman.

Feuilles longues, de 7 à 8 centimètres, étroites, vert foncé en dessus, blanches en dessous, obtuses, brusquement acuminées.

Fruits gros, isolés, rouges, ovales, recourbés, avec une légère pointe; pédoncule fort, de 1 à 1 centimètre 1/2: noyau obtus inférieurement, en pointe à la partie supérieure. Fleurit 1er avril.

LIMI.

Ressassi.

Ressassi. — Environs de Tunis, Mornag.

Feuilles de 5 à 6 centimètres, courtes et larges, d'un vert foncé. Fruits gros, ovales, le plus souvent isolés, roses, avec un léger bec recourbé; pédoncule moyen de 1 à 2 centimètres; noyau très régulier, terminé en pointe inférieurement. Fleurit en mars.

Gordhane. — Forêts de Zaghouan et de Tebourba.

Feuilles longues, de 7 à 8 centimètres, épaisses, vert foncé en dessus, blanches en dessous. Fruits gros, isolés, ovales, allongés, pendants, d'un noir brillant à la maturité: pédoncule de 1 à 2 centimètres; noyau gros, court, à sillons apparents, échancré au sommet. Fleurit en mars, mûrit fin novembre.

Saïali. — Variété que l'on rencontre dans tout le Nord de la Tunisie, mais en petite quantité.

Feuillage clair, feuilles moyennes, de 6 centimètres, étroites, vert glauque en dessus, verdâtre en dessous. Fruits moyens, isolés, légèrement recourbés, à pointe à peine apparente, de couleur violette à la maturité: noyau long, à pointe recourbée, sillons peu apparents. Fleurit 15 avril. Variété très précoce.

Saïali.

Saïali magloub. — Environs de Tunis seulement et surtout au Mornag.

Feuilles plus courtes que la variété précédente, feuillage plus abondant. Fruits moins longs, sans pointe: pédoncule de 2-3 centimètres, fort; noyau petit, court, à pointe droite. Fleurit et mûrit à la même époque.

Nab-el-Djemel *(la dent du chameau).* — Existe dans toutes les olivettes de la Tunisie. Cette variété doit être ancienne et très bien fixée : on la retrouve même au milieu des Oliviers sauvages.

Feuilles courtes, de 4 à 5 centimètres, vert foncé, obtuses, grisâtres en dessous, feuillage épais, arbre très vigoureux. Fruits moyens, allongés, ovales, sans pointe, souvent disposés en grappes par deux et trois; pédoncule de 2 centimètres, gros ; noyau long, mince, terminé en poire, à sillons nuls. Olives restant longtemps vertes, se ramassant en octobre pour saler. Fleurit 1ᵉʳ mai, mûrit fin novembre.

Nab el Djemel.

Souaba el Aidjia.

Souaba-el-Aidjia *(le doigt de l'esclave).* — Assez commune en Tunisie, mais surtout dans le Nord.

Feuilles courtes et larges, d'un vert glauque en dessus, verdâtres en dessous. Fruits moyens, allongés, renflés à l'extrémité inférieure et recourbés, disposés en grappes souvent très fortes, verts et roses, portés par un pédoncule long et fort; noyau gros, renflé à la base, allongé, à sillons bien marqués. Fleurit en avril et mûrit en novembre.

OLIVES A HUILE

Chetoui. — Variété très commune dans tout le Nord de la Tunisie : Tunis, Soliman, Tebourba, Bizerte, Grombalia, où elle entre pour les deux tiers au moins dans la composition des olivettes.

Feuilles courtes, de 4 à 5 centimètres, vert foncé à la face supérieure, blanchâtres en dessous. Arbre vigoureux. Fruits petits, ovales, réguliers, sans pointe, souvent en grappes, verts et roses en novembre, devenant d'un beau noir luisant à la maturité qui a lieu en décembre et janvier: pédoncule de 1 à 1 centimètre 1/2: noyau petit, pointu, avec pointe à la base, rond supérieurement. Fleurit en avril et mai.

Chetoui.

Chemlali de Tunis. — Variété assez abondante dans les

forêts de Tunis et en particulier au Mornag, mais qui n'a aucun rapport avec le Chemlali du Sahel et de Sfax.

Feuilles de 5 à 6 centimètres, d'un vert foncé en dessus, blanc verdâtre en dessous. Fruits petits, mais beaucoup plus gros que ceux du Chemlali de Sfax, ovales, vert clair, sans pointe, en grappes de trois à quatre fruits ; noyau petit, très fin, sans sillons, avec pointe recourbée. Fleurit en avril. Maturité tardive.

Chemlali de Sfax. — Variété très répandue *Chemlali.* dans tout le Sahel et la région de Sfax, où elle occupe les quatre cinquièmes des olivettes et est réputée pour donner a meilleure huile.

Feuilles courtes, de 4 à 5 centimètres, de largeur moyenne, d'un vert foncé en dessus, très blanches en dessous, ce qui donne à l'arbre un aspect argenté lorsque ses branches sont agitées par le vent. Fruits petits, ovales, à pointe peu apparente, souvent de grosseur irrégulière, disposés en grappes, devenant d'un beau noir brillant à la maturité ; noyau très petit, lisse, ovale régulier, à pointe inférieure à peine sensible. Fleurit février à mars.

Rajou. — Variété assez répandue dans les forêts de Tunis, Soliman, Tebourba, Bizerte.

Feuillage clair, feuilles de 6 à 7 centimètres, étroites, d'un vert clair en dessus, verdâtres en dessous.

Rajou.

Fruits petits, verts et roses, ovales, allongés, à bec très recourbé, disposés en grappes ; pédoncule court ; noyau long, pointu à la base, sillons apparents. Fleurit en avril, tardif.

Drassi. — Variété commune dans les forêts de Teboursou et du Kef.

Feuillage assez abondant, feuilles courtes et larges, d'un vert clair en dessus, verdâtres en dessous. Fruits petits, ovales, légèrement recourbés, en grappes de trois à quatre fruits, d'un violet brillant à la maturité ; noyau petit, long, en forme de poire, à sillons apparents. Fleurit et mûrit en même temps que le Rajou.

Chaïbi. — Très répandue à Soliman et à Bizerte, où elle remplace le Chetoui, dont elle diffère cependant par la forme du fruit qui est légèrement recourbé.

Feuillage dense, feuillles courtes, de 4 à 5 centimètres, ovales, vert foncé, courtement acuminées, blanchâtres en dessous. Fruits petits, ovales, légèrement recourbés, à pointe peu apparente, souvent géminés et longuement pédonculés ; noyau très long, à pointe recourbée. Fleurit en avril et mûrit en novembre.

Regragui ou **Djerbouaï**. — Assez commune au Kef, Nebeur, Teboursouk. Bien que les Arabes désignent cette variété sous deux noms différents, il est impossible d'établir une distinction dans les arbres ainsi désignés diversement.

Feuilles longues, de 7 à 8 centimètres, très étroites, vert clair en dessus, verdâtres en dessous. Fruits moyens, presque ronds, avec légère pointe, souvent réunis en grappes de deux ou trois fruits; pédoncule de 2 à 3 centimètres; noyau court, ovale, presque rond, à sillons apparents. Fleurit en mars, assez précoce, d'un rouge foncé, peut servir à la table et à la fabrication de l'huile.

El-horr (*la pure*). — Très répandue dans la forêt d'El-Ala, ressemble beaucoup à la variété Kalb-es-Serdouk, mais a le feuillage beaucoup moins fin et le fruit moins long et moins recourbé.

Feuilles courtes, de 4 centimètres, larges, d'un vert foncé en dessus, vert clair en dessous. Fruits petits, ovales, recourbés, avec une pointe sur le côté, souvent en grappes par trois et quatre fruits, d'un noir brillant à la maturité; noyau long, terminé en pointe à ses deux extrémités, très fin, sans sillons. Fleurit fin mars, mûrit du 1er au 15 novembre.

El-guim (*la greffe*). — Compose avec la variété précédente la forêt d'El-Ala. Cette variété n'est autre que le «Zebouz» ou Olivier sauvage, sur lequel on a implanté par greffe une variété dite El-guim (la greffe), dont les Arabes ne connaissent ni le nom ni l'origine.

Feuilles de 5 à 6 centimètres, étroites, vert clair en dessus, vert pâle en dessous. Fruits petits, presque ronds, sans pointe, souvent géminés, d'un violet terne à la maturité; pédoncule fin et court; noyau petit, ovale régulier, très fin, sans sillons. Même floraison et même maturité que l'El-horr.

Sahali. — Cet arbre, qui est très abondant dans les forêts de Soliman et de Tebourba, ressemble un peu au Chemlali.

Feuilles courtes, de 4 à 5 centimètres, vert foncé en dessus, très blanches en dessous, et très acuminées. Fruits très petits, ovales, noirs, pruinés à la maturité, de grosseur irrégulière, disposés en grappes par deux et trois fruits ; pédoncule long et fin ; noyau très gros, recourbé en pointe, à sillons très marqués. Fleurit en mars, mûrit fin novembre.

Barouni de Soliman. — Bien que portant le nom du Barouni de Kalaâ-Srira, cette variété en diffère complètement par la forme de ses fruits ; elle est commune dans la forêt de Soliman.

Feuilles longues, de 6 à 7 centimètres, étroites, d'un vert clair en dessus, blanches en dessous, brusquement acuminées. Fruits petits, ovales, recourbés, d'un blanc-verdâtre, se colorant insensiblement en rose pour devenir noir brillant à la maturité, disposés en grappes, longuement pédonculés ; noyau fin, allongé, sans sillons, pointu à ses deux extrémités. Fleurit en avril, mûrit tard.

Aïn-el-Djerana (*l'œil de la grenouille*). — Variété répandue seulement dans les forêts de Bizerte, Menzel-Djermil, Menzel-Abderrahmane.

Feuillage dense, feuilles courtes, de 4 à 5 centimètres, courtement acuminées, vert foncé en dessus, verdâtres en dessous. Fruits moyens, presque ronds, terminés en légère pointe, d'un vert teinté de rose, souvent géminés ; pédoncule court ; noyau allongé en pointe, un côté droit, l'autre recourbé, à sillons très marqués. Fleurit en mars. Fruits utilisés également pour l'huile et les conserves.

Menkar-er-Ragma (*le bec du vautour*). — Cette variété se rencontre dans les mêmes forêts que la précédente.

Arbre à feuillage très dense, feuilles longues, de 6 à 7 centimètres, larges, vert clair, se terminant en pointe. Fruits moyens, obovales, se recourbant en pointe très marquée, souvent géminés, d'un beau brillant à la maturité, qui est très précoce, n'ont aucune amertume et peuvent se manger sans préparation ; noyau très long, mince, à pointe en bas très prononcée, sillons peu apparents. Fleurit de très bonne heure, en février.

Menkar er Ragma.

Kalb-es-Serdouk (*le cœur de coq*). — N'existe qu'à Feriana.

Feuilles fines, courtes, de 4 centimètres, étroites, d'un vert foncé en dessus, blanc-verdâtre en dessous. Fruits petits, obovales, sans pointe, mais très recourbés, en grappes serrées, portées par un long pédoncule et devenant d'un beau noir brillant à la maturité ; noyau petit, très fin, lisse, sans pointe inférieurement. Fleurit en février. Précoce et d'un bon rapport comme huile.

Foudji. — Cet arbre n'existe qu'à Gafsa et Feriana et en particulier dans l'oasis du Kiss.

Feuilles courtes, de 4 à 5 centimètres, larges, vert brillant en dessus, vert clair en dessous. Fruits moyens, ovales, très réguliers, d'un beau rouge, souvent géminés, pointe peu apparente ; pédoncule court, de 1 centimètre ; noyau court, renflé, à deux pointes recourbées, sillons apparents. Fleurit en mars.

Roumi. — Variété assez rare, dont on rencontre quelques spécimens dans les forêts de Tunis, Bizerte, Teboursouk.

Feuillage très clair, feuilles peu nombreuses, longues, de 6 centimètres, très larges, obtuses, constamment acuminées, d'un vert brillant en dessus, blanches en dessous. Fruits petits, isolés, ovales, très réguliers, presque ronds, sans pointe, souvent géminés, à long pédoncule, d'un noir brillant à la maturité ; noyau moyen, presque lisse, à pointe recourbée. Variété tardive. Fleurit en avril.

Gafsi. — Variété que l'on rencontre dans les oasis de la région de Tozeur et aussi à Tunis, dans le Mornag.

Feuillage dense, feuilles moyennes, de 5 à 6 centimètres, larges, vert clair en dessus, blanc-verdâtre en dessous. Fruits moyens obovales, à pointe très marquée, le plus souvent isolés, d'un rose foncé à la maturité ; pédoncule de 1 centimètre ; noyau très caractéristique, en forme de dent renversée. Variété tardive, ne mûrit à Tozeur que fin novembre.

Mâasri. — Variété n'existant que dans les oasis de Tozeur.

Feuilles petites, de 4 à 5 centimètres, étroites, longuement acuminées, vert clair en dessus, blanc-verdâtre en dessous. Fruits moyens, obovales, presque toujours géminés, restant verts jusqu'en décembre, devenant roses à la maturité ; pédoncule de 2 à 3 centimètres ; noyau fin, ovale, sans sillons apparents.

Arbi. — Variété n'existant également qu'à Tozeur.

Feuillage très clair, feuilles longues, de 6 à 7 centimètres, larges, brusquement acuminées, vert clair en dessus, blanc-verdâtre en dessous. Fruits moyens, obovales, avec légère pointe sur le côté, le plus souvent isolés, d'un violet pruiné à la maturité qui est tardive; pédoncule fin, de 2 centimètres ; noyau gros, pyriforme, à pointe recourbée, sillons marqués.

Chemlali de Gafsa. — Variété n'ayant aucune ressemblance avec les Chemlali de Tunis et de Sfax.

Feuillage clair, feuilles moyennes, épaisses, larges, vert clair en dessus, d'un blanc-verdâtre en dessous. Fruits moyens, obovales, presque sans pointe, violets, très pruinés à la maturité qui est tardive; pédoncule de 1 à 2 centimètres; noyau se rapprochant beaucoup de l'espèce précédente, mais presque lisse, sans sillons.

Kuadraya. — N'existe qu'à Gafsa, où il a été introduit du djebel Majorah.

Feuilles moyennes, de 6 à 7 centimètres, assez larges, vert-grisâtre en dessus, vert clair en dessous. Fruits moyens, ovales, en grappes souvent très fortes, à pédoncule long et fin ; noyau ovale, régulier, à pointe peu marquée. Variété très précoce donnant beaucoup d'huile.

Djerbi.— Variété de l'oasis de Gabès, introduite sans doute de l'île de Djerba.

Feuilles courtes, de 4 à 5 centimètres, larges, brusquement acuminées, vert foncé en dessus, verdâtres en dessous. Fruits petits, presque ronds, sans pointe, d'un rouge clair à la maturité ; pédoncule court; noyau petit, presque rond, sans sillons. Fleurit en mars, maturité moyenne.

Melouhi. — Variété ne se trouvant également que dans l'oasis de Gabès.

Feuilles longues, de 7 à 8 centimètres, larges, d'un vert très foncé en dessus, blanc-verdâtre en dessous; feuillage clair. Fruits gros, allongés, terminés en pointe très marquée et recourbée, le plus souvent isolés; pédoncule court et gros ; noyau moyen, très long, à pointe inférieure allongée et aiguë. Fleurit en mars, maturité tardive. Olive pour conserve et pour l'huile.

Djâl. — Variété qui ne se rencontre qu'à Feriana et El-Ala.

Elle paraît voisine du Zebouz, mais elle donne une huile de première qualité ; feuillage et fruits se rapprochant beaucoup du Nab-el-Djemel.

Feuilles longues, de 5 à 6 centimètres, de largeur moyenne, vert clair en dessus, vert-blanchâtre en dessous. Fruits très petits, ob-ovales, très nombreux, disposés en grappes serrées et à long pédoncule, violets à la maturité qui est tardive ; noyau moyen, pyriforme, très recourbé.

Zebouz de Tunis.— Variété d'Olivier sauvage existant dans le Nord de la Tunisie et donnant des olives assez grosses qui, sur bien des points, sont ramassées par les Arabes pour en faire de l'huile qui est de première qualité, mais très peu abondante. La pulpe est peu épaisse, le noyau très gros. Lorsque le Zebouz se trouve dans un endroit frais ou irrigué, il peut donner un certain produit.

Feuilles courtes, de 3 à 4 centimètres, vert foncé en dessus, très blanches en dessous, feuillage abondant. Fruits petits, se rapprochant beaucoup de ceux du Chetoui, d'abord verts, puis devenant noir foncé à la maturité qui est tardive ; grappes portées par un long pédoncule et composées de fruits nombreux.

Zebouz-bou-Souid. — Cet Olivier sauvage se rencontre dans les forêts du Centre, à Kairouan, El-Ala. Ses feuilles sont un peu plus longues que celles de la variété précédente, mais ont la même couleur. Les fruits, très noirs à la maturité, sont disposés en grappes très longues et très fournies ; ils ne sont jamais ramassés».

IV. — VARIÉTÉS ITALIENNES

Elles sont fort nombreuses, s'il faut en croire les Rapports du ministère de l'agriculture italien qui n'en enregistrent pas moins de 300 ; mais il est probable qu'il y a beaucoup de doubles emplois entre toutes ces variétés désignées par des noms locaux.

Les races considérées comme très méritantes sont moins nombreuses. M. le professeur ANTONIO ALOI (1) signale comme

(1) Ant. ALOI : *L'olivo e l'olio*. Milano, 1892.

les plus fructifères et donnant les meilleures huiles, dans les diverses régions de l'Italie, les variétés suivantes :

A. — Variétés de Sicile

Ogliaia; — Caltabellottese; — Biancolilla; — Calamignara; — Nebba; — Cerasola.

B. — Variétés des Calabres

Corniola; — Camugnana; — Ottobrarica; — Coccitana; — Mammolese; — Varesano.

C. — Variétés des Pouilles

Paesano; — Ogliarolo; — Monopolese; — Cellina.

D. — Variétés des Abruzzes

Corniola; — Casertana; — Noccia; — Polposa; — Gentile.

E. — Variétés des Marches et de l'Ombrie

Raia; — Raggia — Corniola; — Ascolana — Grassaia; — Maglianese.

F. — Variétés du Latium

Rasciola; — Maraiola; — Rosciola; — Crognola.

G. — Variétés de Toscane

Frantoio; — Moraiola; — Leccino.

H. — Variétés de Ligurie

Taggiasca; — Pignola; — Colombaia; — Mortina.

I. — Variétés du Bassin de Garde

Nostrano; — Razzo; — Gargna; — Bomboletta; — Favera.

V. — VARIÉTÉS ESPAGNOLES

Dans le plus récent ouvrage espagnol consacré à la culture de l'Olivier, M. José de Hildalgo Tablada (1) décrit 21 variétés principales, qu'il classe en olives précoces et olives tardives. On verra, en parcourant cette nomenclature, qu'un certain nombre de ces variétés sont les mêmes que celles cultivées en France de temps immémorial. Beaucoup de ces synonymies auraient besoin, toutefois, d'être vérifiées.

A. — Variétés précoces

Olivo Manzanillo (serait l'Aulivo barrolinque de Garidel);

Olivo Sevillano. — O. europæa regalis, Clemente. O. Hispanica, Rozier. — Espagnole; Plant d'Eyguières de la grosse espèce, d'Orbigny.

Olivo Bellotudo. — O. Villotudo.

Olivo Redondillo.

Olivo Lechin. — Picholin; Olea europæa ovalis, Clemente; Olive Picholine, Garidel, d'Orbigny et Raynaud; Saurine; Saurenque.

Olivo nevadillo blanco. — O. Doncel; Olea europæa argentata, Clemente; Olivier Moureau, Mourette.

Olivo varal blanco. — Blanquette en France.

Olivo empeltre.

Olivo racimal. — Olivo racemosa, Gouan; Bouteillan, Rapugette en France.

Olivo varal negro. — O. Alameno; Cayon; Plant étranger, de Cuers.

Olivo colchonudo.

---

(1) Tratado del cultivo del olivo en Espana. Madrid, 1899.

Olivo ojillo de liebre. — Ojo de liebre.

Olivo carrasqueno. — O. Redondillo ; Redouan de Coti-
gnac (?).

Olivo gordal. — O. real ; Olea regia, *Rozier* ; Olea europæa
hispanensis, *Clemente*; Olivier royal, *Risso*.

Olivo verdejo. — Verdal ; Verdale ; Verdaou ou Pourridale;
Aventurier; Calassen.

B. — VARIÉTÉS TARDIVES

Olivo madrileno. — O. Morcal : Olea europæa maxima,
Clemente; Amellau, *Bomare*; O. amandier, Plant d'Aix, *Rozier*, *Raynaud*.

Olivo cornicabra. — Cornezuelo; Olea europæa rostrata,
Clemente ; Olea corniola, *Risso* ; Olivier pendoulier, *Riondel*; Cayon ;
Olivier de Grasse; Olivier pleureur, etc.

Olivo cornezuelo. — Olea europæa ceraticarpa, *Clemente* ;
Lucques, Lucquoise, Odorante, etc.

Olivo javaluno. — Javaluna.

Olive picudo. — Tetudillo ; Picual.

Nevadillo negro.

TROISIÈME PARTIE

CULTURE DE L'OLIVIER

I. — TERRAINS PROPICES A L'OLIVIER

Robuste et rustique tant qu'on ne cherche pas à le sortir de son aire climatérique, l'Olivier ne manifeste aucune préférence minéralogique et on le trouve prospère dans les terrains les plus variés : dans les formations calcaires des Alpes-Maritimes, des Bouches-du-Rhône, de l'Hérault ; dans les granites des Alpes-Maritimes ; dans les schistes du Var et des Pyrénées ; dans les débris volcaniques des Romagnes.

La seule condition qui paraisse essentielle à la belle venue de l'Olivier, c'est que le terrain soit sain, que l'égouttage y soit assuré, car les sous-sols compacts, humides et imperméables lui sont nettement défavorables, comme d'ailleurs à la plupart des arbres fruitiers.

Ce serait une erreur de croire que les bonnes terres, riches et fraîches sans excès, ne sauraient convenir à l'Olivier ; il y acquiert, au contraire, des dimensions considérables, s'y pare d'une végétation luxuriante et peut y donner, s'il est bien conduit, de très abondantes récoltes. Mais les plantations en bonnes terres, tout au moins de ce côté-ci de la Méditerranée, sont devenues bien rares. Depuis de longues années, la plupart des Oliviers qui s'étageaient sur de bons coteaux ou qui peuplaient même quelques coins de plaines fraîches ont disparu pour faire place à des cultures plus rémunératrices et surtout à celle de la vigne envahissante. Et aujourd'hui même, on continue à défricher, l'une après l'autre, les olivettes naguère si nombreuses dans les plaines sèches de la Provence, dans le Var en particulier.

De plus en plus, en France, la culture de l'Olivier se réfugie — il serait plus exact de dire se maintient — et non sans quelque peine, presque exclusivement dans des sols maigres, coteaux à couche arable superficielle et caillouteuse, garrigues plus ou moins rocheuses et arides. Et c'est même merveille de voir comment l'Olivier sait tirer parti des plus mauvaises situations, pour peu que ses racines puissent s'infiltrer entre les fissures des roches pour aller chercher, dans des poches de terre meuble, le peu d'humidité qui suffit sinon à lui donner une abondante production, du moins à assurer son existence. Cependant on rencontre encore, en Vaucluse, dans le Var, dans les Bouches-du-Rhône, un certain nombre d'olivettes en terrains moyens, où elles donnent des récoltes régulières et plus abondantes ; on en compte même quelques-unes en terrains arrosables.

De l'autre côté de la Méditerranée, en Algérie et en Tunisie surtout, on consacre très souvent de bonnes terres à l'Olivier, parce que dans ces régions, c'est une culture véritablement lucrative, parfois la plus avantageuse que l'on y puisse faire : les irrigations y sont de règle toutes les fois que l'on peut se procurer l'eau nécessaire à leur exécution.

Quelle que soit la facilité d'adaptation de l'Olivier aux plus mauvais terrains, on n'oubliera pas que toutes les variétés n'offrent pas la même rusticité, et lorsque l'on aura des plantations à faire ou des rajeunissements à opérer par voie de greffage, il sera prudent de ne multiplier, dans les situations peu favorables, que les variétés capables d'y fructifier régulièrement.

La composition minéralogique du terrain paraît exercer une

influence assez sensible sur la saveur des produits. On admet
généralement que ce sont les sols calcaires qui fournissent les
meilleures huiles ; viendraient ensuite les sables, grès et
graviers siliceux ; les granites, schistes et argiles se classe-
raient au dernier rang à ce point de vue spécial. Il ne faut pas
oublier, toutefois, que la qualité de l'huile dépend en toute
première ligne de la variété d'olive qui la produit, et peut-
être attribue-t-on trop souvent à la nature du sol des résultats
inhérents à la qualité du fruit.

II. — MULTIPLICATION DE L'OLIVIER

En dehors du greffage sur place d'arbres sauvages, dont
on s'occupera plus loin, la multiplication de l'Olivier peut se
faire par semis, boutures, rejetons enracinés ou non, par souchets ou fragments de souches, et aussi à l'aide de jeunes
sauvageons et même d'arbres d'une certaine taille recueillis
dans les garrigues et dans les broussailles.

Semis. — Tous les auteurs qui ont écrit sur l'Olivier ont
recommandé le semis comme le meilleur des procédés de re-
production. On sait, cependant, que les noyaux, imprégnés
de matière grasse, ne germent que très difficilement, mais
on a proposé plusieurs moyens d'aplanir cette difficulté.

Le plus anciennement connu consiste à faire manger les
olives, récoltées bien mûres, par des poules ou des dindes
que l'on tient enfermées ; les noyaux qui ont traversé le tube
intestinal sont en grande partie débarrassés de leur huile, et
sont devenus aptes à germer.

Il est peut-être plus simple et plus pratique de traiter les
noyaux par une lessive alcaline à 10 o/o, comme on fait pour
les olives vertes à confire. L'opération peut durer de 12 à
24 heures, et demande à être surveillée : en brisant de temps

à autre un noyau, on suit la marche de la lessive, et on arrête avant que l'amande ne soit atteinte à son tour.

Ailleurs, on se contente de couper avec un sécateur, l'extrémité du noyau, pour permettre à l'humidité du sol d'agir directement sur l'amande. On a même inventé, jadis, un instrument permettant de briser le noyau en laissant l'amande intacte; mais cet outil, d'ailleurs introuvable, ne paraît guère avoir été employé.

En dépit de ces facilités apportées à la germination, le semis n'est que bien exceptionnellement employé en France, non plus qu'en Algérie; les pépiniéristes eux-mêmes le trouvent trop aléatoire, trop long, et par suite trop onéreux. On y a assez souvent recours dans quelques pépinières d'Italie.

Si, cependant, l'opération devait tenter quelques praticiens désireux d'obtenir des sujets considérés comme plus rustiques que ceux obtenus d'autre manière, la marche à suivre est la suivante.

On récolte les olives bien mûres, de préférence des olives sauvages dont l'amande est plus développée et souvent plus saine. On débarrasse les noyaux de la pulpe en les frottant entre deux briques, on les lave et on les traite par la lessive alcaline.

On les stratifie ensuite dans du sable frais où ils se conservent aisément jusqu'au printemps suivant.

Fin mars ou commencement avril, après avoir — ce qui est toujours une bonne précaution — tranché l'extrémité à l'aide du sécateur, on sème ces noyaux en pépinière, — assez dru car il y a toujours bon nombre de manquants — en lignes écartées de 25 à 30 centimètres et à 5 ou 6 centimètres de profondeur au maximum. On recouvre avec de bon terreau, on arrose et on sarcle au besoin, comme on a coutume de le faire pour tous les semis analogues.

Les jeunes plants lèvent au bout de quelques mois. Lorsqu'ils ont atteint une force suffisante, généralement à la seconde année, on les transplante dans une nouvelle pépi-

nière, où on les place aux écartements de 0 m. 40 sur
0 m. 80 environ. Cette transplantation se fait en mars, lorsque les fortes gelées ne sont plus à craindre, et avant l'époque des longues sécheresses, peu favorables à la reprise
surtout si l'on ne peut arroser à eau courante. L'habillage du
jeune plant consiste à receper le pivot, généralement très
développé, à la longueur de 20 centimètres environ. En
même temps, on pince ou on supprime les petites ramifications
qui ont pu se développer sur la tige, et on doit même
receper cette dernière, si elle est mal conformée.

Les traités d'arboriculture recommandent généralement de
ne pas choisir, pour établir les pépinières d'élevage, une terre
trop fraîche et trop riche, dans laquelle les jeunes plants
pourraient prendre de «mauvaises habitudes» sans doute ;
ils professent qu'il vaut mieux les accoutumer de bonne
heure aux conditions médiocres de leur existence future,
puisque la plupart sont destinés à peupler des terrains maigres et secs. Sans vouloir prendre le contre-pied de cette
prescription, il semble qu'il y a néanmoins intérêt à placer
les jeunes plants dans un sol suffisamment fertile pour qu'ils
s'y développent rapidement, qu'ils poussent droits et vigoureux et donnent, dans le moindre temps possible, des sujets
prêts à être mis en place. Les spécialistes établissent toujours
leurs pépinières dans de très bonnes terres, sachant bien qu'ils
perdraient leur temps et leur argent à vouloir faire pousser
de jeunes arbres dans de mauvaises conditions.

Les travaux de culture à exécuter dans les pépinières
d'oliviers : labours, sarclages, arrosages, ne diffèrent en rien
de ceux usités pour les autres arbustes ; ce sont là toutes choses que les praticiens connaissent fort bien, et il semble inutile de les répéter longuement.

Les soins à donner aux jeunes plants consistent essentiellement à favoriser leur développement vertical et à les
empêcher de buissonner. La première année, on les laisse
pousser en toute liberté. On peut les greffer en pied, dès le

printemps suivant, s'ils ont atteint un diamètre suffisant, à
moins que l'on ne préfère attendre pour les greffer en tête. Le
greffage peut s'effectuer soit en placage, soit en écusson ordinaire, soit même en fente pleine ; mais le procédé le plus généralement adopté est la greffe en placage, représentée par la
figure ci-jointe.

Le greffage a lieu au printemps, dès que l'arbre est bien
en sève et que l'on peut aisément détacher les écussons. Une
incision pratiquée au-dessus de la greffe
facilite l'évolution rapide de l'écusson.
Dès qu'il est entré franchement en végétation, on recepe d'abord à 15 ou 20
centimètres, et plus tard on tranche immédiatement au-dessus du greffon. Dans les
localités battues par des vents violents,
il est utile de tuteurer le greffon, au
moins pendant la première année.

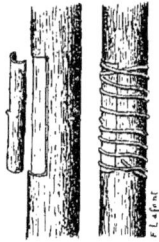

Greffe en placage sur
jeunes sujets.

L'élevage des jeunes plants greffés ne
présente aucune particularité qui soit propre à l'Olivier. On
pince assidûment tous les rameaux latéraux pour les empêcher
de prendre un développement exagéré et on les supprime
successivement en commençant par ceux de la base, de façon
à obtenir des tiges bien droites et aussi nettes que possible.

Bouturage. — L'Olivier reprend assez facilement de boutures quand on prélève celles-ci sur des sujets sains et vigoureux.
Le bouturage est, avec l'emploi de plants sauvages, le procédé
le plus fréquemment appliqué en Algérie. On lui reproche,
il est vrai, de donner des sujets moins bien racinés, par suite
moins rustiques et plus sensibles à la sécheresse ; mais peut être
y a-t-il là quelque exagération, si l'on veut bien se rappeler
que la vigne est exclusivement reproduite par bouturage, ce
qui ne l'empêche pas de végéter, elle aussi, dans nombre de
situations très sèches.

Le bouturage offre, d'autre part, l'avantage de supprimer

l'opération du greffage si l'on a soin de prélever, comme cela est aisé, les bois destinés à fournir des boutures sur des variétés de bonne qualité.

On se procure aisément des boutures, en tel nombre que l'on veut, au moment de la taille. On choisit, sur des arbres vigoureux et bien fructifères, des rameaux sains et jeunes longs de 30 à 45 centimètres, et de 2 à 3 centimètres de diamètre. En Amérique, on utilise des bois beaucoup plus courts et plus minces, de 8 centimètres de long, fournis par les rameaux de l'année; mais on ne réussit bien ce procédé que sous verre, et il ne paraît pas recommandable aux praticiens.

Au fur et à mesure que l'on récolte les boutures, on les débarrasse de toutes les brindilles qu'elles peuvent porter, et on les met en stratification dans du sable frais où elles se conservent sans difficulté jusqu'au moment de la plantation.

A l'époque du réveil de la végétation, on les plante en pépinière, à des écartements de 0 m. 20 à 0 m. 25 sur les lignes, et de 0 m. 60 à 1 mètre entre les lignes; comme on doit compter sur 40 ou 50 o/o de manquants, les pieds se trouveront à des distances suffisantes pour qu'on puisse les laisser dans la même terre pendant 3 à 4 ans, époque à laquelle on les mettra en place; on évite ainsi une transplantation qui, si elle est utile pour les sujets issus de semis, est, au contraire, superflue pour les arbres venus de bouture.

On cite même des exemples de bouturage direct en place. Dans ce cas, et pour éviter les manquants qui pourraient être nombreux, on dispose dans chaque fosse, à quelques centimètres d'écartement, deux et même trois boutures, dont on ne conservera que la plus vigoureuse si toutes ou plusieurs ont repris. Mais cette façon d'opérer paraît peu économique, puisqu'elle oblige à cultiver de grandes surfaces de terrain pendant trois ou quatre ans de plus sans aucun produit. La combinaison serait plus acceptable dans le cas où la culture de l'Olivier est associée à d'autres productions, dont le profit paie la rente du sol et les frais d'exploitation.

Les boutures sont enterrées assez profondément, on ne laisse sortir du sol que 5 à 6 centimètres. Même en terres fraîches, les arrosages sont presque indispensables, au moins au début, pour assurer une bonne reprise : le bois de l'Olivier est dense et l'émission des racines, bien que favorisée par la stratification préalable dans du sable frais, ne se fait pas sans difficultés. En Espagne, on a la coutume de fendre l'extrémité inférieure de la bouture pour faciliter l'émission des radicelles ; il semblerait *a priori* préférable d'appliquer ici la méthode usitée pour les vignes à reprise difficile et qui consiste à racler ou à écorcer partiellement la base des sarments.

Les boutures n'ayant pas besoin d'être greffées, les seuls soins d'entretien que nécessitent les jeunes sujets, pendant leur séjour dans la pépinière, consistent dans le pincement systématique et la suppression des ramifications secondaires, comme il a été dit plus haut.

Dans quelques parties de l'Espagne, on fait aussi usage de *boutures couchées*. On se sert pour cela d'assez grosses branches, que l'on divise à la scie en divers endroits sans les sectionner entièrement ; le trait de scie n'intéressant que le tiers de la grosseur. Ces branches sont couchées dans des fosses de 25 centimètres de profondeur, on recouvre de terreau et on arrose. La végétation s'établit dans le voisinage des traits de scie ; quand les jeunes pousses sont assez développées, on les sectionne définitivement et on les transplante en pépinière.

Le bouturage ordinaire paraît plus simple et d'une application plus commode.

Marcottage. — Ce procédé n'est cité ici que pour mémoire. Plus compliqué que le bouturage, il ne présente sur ce dernier système aucun avantage appréciable. Les Américains en font, paraît-il, assez souvent usage.

Rejetons. — L'Olivier produit en grand nombre des rejetons qu'il faut chaque année enlever pour qu'ils n'affament
pas les arbres. Ces rejetons sont très fréquemment employés.
De préférence on mettra à
contribution de vieux arbres,
sur lesquels on peut laisser un
certain nombre de rejetons se
développer pendant deux ou
trois ans sans crainte de nuire
à la production. Les vieux
oliviers, recepés au pied, fournissent aussi en abondance
des sujets utilisables. On les
soignera comme s'ils étaient
en pépinière, en supprimant
leurs pousses latérales s'il
s'en développe, pour les forcer à monter bien droits.

Ces sujets ne sont presque
jamais mis en pépinière, mais
plantés directement en place.
Lorsqu'on les juge assez déve-
loppés, on les détache avec un
fragment du vieux tronc ; si
l'on a pris soin, les années
précédentes, de butter et de
fumer la souche-mère, ces
plants sont souvent garnis
d'un certain nombre de petites
radicelles, qui en facilitent la
reprise.

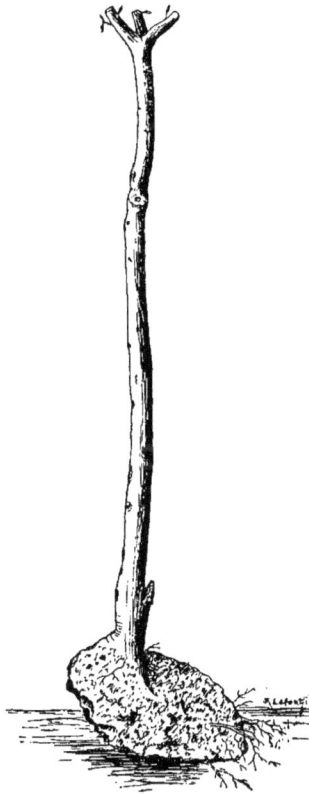

Rejeton avec fragment de tronc et
radicelles.

Si la souche-mère provenait du bouturage d'une bonne
variété, ces rejetons n'auront pas besoin d'être greffés. Dans

le cas contraire, le greffage devra être exécuté un an après
la mise en place.

Félix Sahut recommandait, pour ces sujets généralement de
moyenne grosseur, le greffage en placage avec lanière, au
printemps. Peu de temps après l'opération, on étête progres-
sivement les sujets, de façon cependant à conserver un

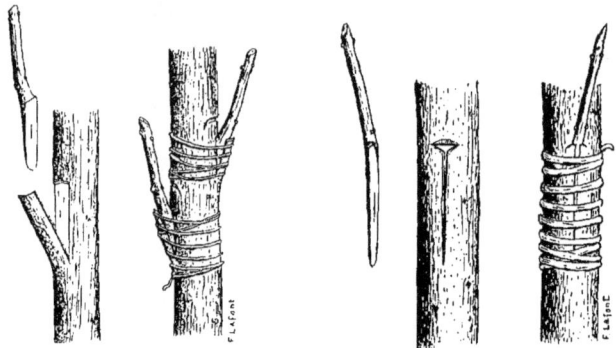

Greffe en placage avec lanière.   Greffe par rameau sous écorce.

onglet de 0 m. 10, qui ne sera retranché qu'en août-septembre, au ras de la greffe. La greffe par rameau sous écorce, qui
ne diffère pas sensiblement de la précédente, a été aussi
recommandée par quelques spécialistes. La greffe en placage
ordinaire donne, au reste, avec plus de simplicité, des reprises aussi assurées.

Souchets. — Si l'on détache de la base d'un vieil Olivier
l'une des nombreuses protubérances qui se forment au niveau
ou même un peu au-dessous du sol, on obtient ce que l'on
appelle en Languedoc un *souquet* ou souchet.

Ce souchet n'est autre chose qu'un fragment de souche :
les yeux qu'il porte auraient donné naissance, tôt ou tard,
à des rejetons semblables à ceux que l'on détache chaque
année du pied des oliviers. La multiplication par les souchets,
fort simple et de réussite à peu près assurée, était usitée de

temps immémorial en Languedoc... quand on y plantait
encore des oliviers. Cette plantation se faisait souvent directement en place, en raison même de la facilité de la reprise.

L'opération est très simple : on ouvre une fosse de 40 à
45 cent., au fond de laquelle on dispose le souchet sur un
peu de bonne terre mélangée de fumier ou de terreau. On
recouvre le tout de 25 cent. de terre environ, de façon à laisser
une cuvette destinée à recevoir un arrosage, si possible, mais
plus souvent les eaux de pluie. La mise en terre du souchet
pouvant avoir lieu en novembre, les pluies de l'hiver sont
alors suffisantes pour assurer la reprise.

Ce procédé est aussi à peu près le seul mode employé en
Tunisie. Généralement même, cette plantation a lieu sur un
terrain non défriché (1). Dans ce pays très sec, on ne saurait
donner aux trous de trop grandes dimensions. A Sfax, certains
planteurs se contentent de faire des trous de 0 m. 30 à 0 m. 40
de côté. C'est insuffisant, chaque trou doit avoir au moins
deux tiers de mètre cube. Si on veut planter en novembre, on
fait les trous en juin ou juillet, quelquefois même plus tôt,
pour profiter de la fraîcheur de la terre, ce qui facilite le
travail. L'époque la meilleure pour planter est le mois de
novembre, parce que les éclats mis en place profitent du peu
de pluie qui tombe en hiver.

La figure que nous empruntons au travail de M. MINANGOIN
sur la Tunisie montre bien la façon d'opérer. La cuvette
laissée au début pour recevoir les pluies est remblayée peu à
peu à mesure que les jeunes pousses se développent.

Si l'année est sèche — et c'est la règle à peu près générale
en Tunisie, — il est bon de faire un ou deux arrosages, le
premier en juin ou juillet, le second en août ou septembre.
On met de 30 à 40 litres d'eau par pied, et ce n'est pas un
mince travail, car il faut souvent aller querir cette eau à de

---

(1) N. MINANGOIN. — *Loc. cit.*

grandes distances, à dos d'ânes ou de chameaux. Dans les
grandes exploitations on se sert d'un tonneau, ce qui va

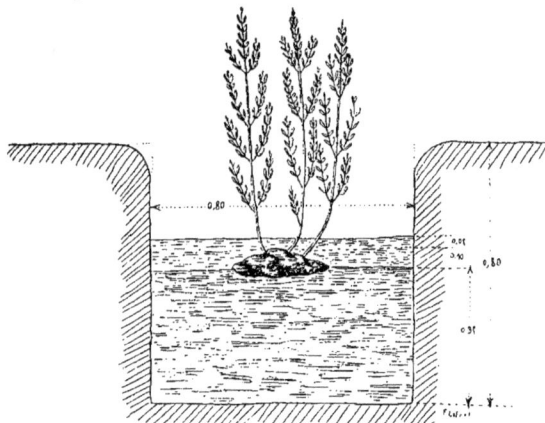

Souchet quelques mois après la mise en place.

beaucoup plus vite. On ne fait subir aux plants ainsi obtenus
aucune taille avant la quatrième année.

Plants d'oliviers sauvages. — Un peu partout dans les
olivettes mal tenues, il se développe de jeunes oliviers de
semis que l'on utilise pour de nouvelles plantations. Dans
les pays comme l'Algérie, où il existe de vastes forêts d'oliviers sauvages, on peut leur emprunter des arbres en grand
nombre pour établir des plantations régulières. On y puise de
très jeunes sujets destinés à passer par la pépinière ; ces
sauvageons ou *oléastres* sont ensuite greffés vers la troisième
année ; on y trouve aussi en abondance des arbres de 8 à 12 ans
qui peuvent être transplantés directement en place. En choisis-
sant des sujets bien conformés, vigoureux, on arrive à constituer ainsi des olivettes qui, greffées l'année après la plantation,
sont de très bonne heure en production. On doit rejeter tous les
sujets mal conformés, buissonnants, qui ne se prêteraient pas
aisément à l'établissement d'une charpente régulière. D'impor-

tants peuplements ont été faits de cette façon en Algérie, avec un plein succès quand les sujets ont été bien choisis.

La reprise de ces arbres est très facile, surtout avec le secours de quelques arrosages pendant la première année. On a pu transplanter avec succès, dans la plaine de Boufarik, pour en constituer des allées d'agrément, des Oliviers de cinq à six cents ans et plus ; mais ces fantaisies s'écartent trop de la pratique agricole pour qu'il soit utile d'y insister.

III. — ETABLISSEMENT DES PLANTATIONS

L'Olivier et les cultures intercalaires. — L'Olivier doit-il occuper seul les terrains qu'on lui consacre, ou peut-il être associé à d'autres productions?

On a souvent jeté l'anathème sur les cultures intercalaires, pratiquées de temps immémorial dans certaines régions, la Provence notamment, où elles ont persisté en dépit de toutes les théories et des conseils de nombreux agronomes.

Tout le monde a un peu raison, en cette affaire, et suivant la nature et la richesse du sol, suivant son degré d'humidité, la solution peut utilement varier, quand elle n'est pas, par surcroît, dominée par les conditions économiques.

Il est bien certain que là où la terre arable manque à peu près complètement ou ne présente qu'une très faible épaisseur, dans les garrigues rocheuses ou pierreuses où la provision d'eau du sol est réduite à sa plus simple expression, c'est une erreur agricole autant qu'économique de vouloir forcer la nature en lui demandant plus qu'elle ne peut donner. Les arbres restent chétifs et peu productifs, et les récoltes intercalaires elles-mêmes ne peuvent fournir que des produits insignifiants.

Dans les terres de qualité moyenne, mais exposées à de longues sécheresses, comme les plaines ou les bons coteaux de la Provence, on peut hésiter sur le parti à prendre.

L'utilité présumée des cultures intercalaires est ici souvent liée au mode de taille de l'Olivier. La taille bisannuelle sévère, qui force l'arbre à ne produire que tous les deux ans, devait nécessairement conduire les cultivateurs à tirer parti du terrain improductif une année sur deux : la culture bisannuelle des céréales répond à ce besoin. Pour la supprimer économiquement, il faudrait en même temps modifier la taille, de façon à obtenir une récolte d'olives chaque année

Quoi qu'il en soit, il vaudrait mieux — et l'on y tend de plus en plus — substituer aux céréales, qui occupent le sol une grande partie de l'été, et contribuent à dessécher profondément le terrain à un moment où les pluies sont nulles ou rares, des cultures d'hiver ou de printemps, assez vite enlevées pour que l'on puisse labourer le terrain vers la fin du printemps, et permettre ainsi la pénétration et l'emmagasinement des dernières pluies de la saison : les cultures légumières, dont l'écoulement est aujourd'hui assuré par la rapidité des moyens de transport, paraissent bien indiquées pour remplacer les céréales : petits pois, haricots verts, pommes de terre de primeur, etc. ; on pourrait y joindre, comme on en verra tout à l'heure un exemple, quelques cultures florales.

Les plantations en terrasses, si nombreuses dans les Alpes-Maritimes, offraient jadis, et offrent encore parfois l'exemple d'associations de cultures multiples. Avant et pendant la crise phylloxérique, alors que les vins se vendaient bien, la plupart des terrasses étaient bordées d'un rang de vignes, palissées ou non, tandis qu'on cultivait des céréales ou des fourrages sur tout le reste du terrain disponible.

Le phylloxera a fait disparaître la plupart des vignes, que l'on n'a pas remplacées.

C'est de cette époque que date, dans la région de Grasse surtout, la culture de la *violette de Parme*, qui s'y est peu à peu substituée à presque toutes les autres productions acces-

soires des terrains complantés en oliviers, et les avantages
n'en paraissent pas discutables.

Sur un défoncement moyen de 0 m. 30 à 0 m. 40 de profondeur, on plante les pieds de violette à l'écartement de
0 m. 75 sur 0 m. 25, et à 1 mètre minimum du pied des
arbres. Déduction faite de la place occupée par les oliviers,
on compte en moyenne 20.000 touffes à l'hectare.

Terrasses d'oliviers dans les Alpes-Maritimes.

Les racines très superficielles de la violette paraissent
gêner très peu celles de ses puissants voisins, tandis que les
fumures abondantes et les trois ou quatre binages annuels
que comporte cette culture profitent pour une large part aux
oliviers. La violette de Parme est utilisée surtout par les
fabriques de parfumerie de Grasse, qui en absorbent de grosses quantités, à un prix jusqu'ici assez avantageux (de 2 à

3 fr. le kil., soit de 40 à 60 francs les 20 kil. fournis par 1.000 pieds en plein rapport). Seule la surproduction — possible ou probable, — en faisant baisser les prix de vente, pourrait empêcher l'extension de cette association de cultures qui a prouvé sa valeur par les bénéfices qu'elle a donnés à ses initiateurs. Il s'agit là, cependant, de terrains assez secs, souvent disposés en terrasses, lorsque les pentes trop fortes ont imposé ces travaux nécessaires pour retenir les terres.

Il convient d'ajouter que, par les années très chaudes et très sèches (comme 1906), on est exposé à voir périr un certain nombre de touffes de violettes, partout où il n'est pas possible de les arroser deux ou trois fois au cours de l'été.

Les seules cultures qu'il faille absolument proscrire, par principe, dans les terres plus ou moins sèches, sont celles des plantes vivaces et à racines profondes comme la luzerne et le sainfoin, si avides d'humidité et sachant la puiser jusqu'à de grandes profondeurs, qui dépriment toujours et finissent souvent par faire périr les arbres auxquels elles sont associées.

Hors cette exception on ne saurait, sans prétendre à une infaillibilité trompeuse, poser des règles absolues que les circonstances économiques viendraient trop souvent renverser : à des situations différentes il serait imprudent d'imposer une seule et unique solution.

Dans les terres très fraîches et surtout dans les terres arrosables, les cultures intercalaires seront presque toujours avantageuses, et l'on peut choisir entre toutes les plantes sarclées convenant au milieu dans lequel on opère. La plupart des plantes supportent bien le voisinage de l'Olivier ; parfois même elles s'y trouvent mieux qu'à l'air libre, surtout dans les pays très ensoleillés. « Dans certaines parties de la Kabylie (1), certaines cultures de légumes viennent mieux

---

(1) M. Couput. — L'Olivier, in Revue des cultures coloniales, 1902.

à l'abri de l'olivier qu'en plein champ». Les copieuses fumures que l'on consacre aux plantes sarclées et l'eau qu'on leur fournit en abondance par des irrigations régulières placent l'Olivier dans des conditions excellentes de végétation et lui assurent une abondante production.

Ce que l'on vient de dire des avantages fréquents des cultures intercalaires s'applique *à fortiori* aux premières années de la création d'une olivette. Suivant les situations, il faut attendre 6 ans, 8 ans, 12 ans même avant de pouvoir compter sur un produit rémunérateur de l'Olivier. C'est bien long, surtout de ce côté-ci de la Méditerranée, où la main-d'œuvre est chère et où les impôts se paient même quand le terrain ne produit rien. Il est donc tout indiqué de s'efforcer de tirer du sol au moins de quoi subvenir aux frais d'entretien de la plantation ; il est même de bonne économie de s'efforcer d'en obtenir un bénéfice supplémentaire. Pendant ces premières années, on peut se livrer aux mêmes cultures indiquées plus haut comme les moins nuisibles au développement des jeunes arbres, et cette solution paraît la meilleure.

En Tunisie, jusque vers la sixième année de la plantation, on fait entre les lignes d'oliviers des cultures intercalaires, en ayant soin de laisser, des deux côtés de chaque ligne, une bande de terrain nu qu'on élargit chaque année. On sème de l'orge ou des fèves, du blé plus rarement, car il passe pour être plus nuisible aux jeunes arbres.

Parfois aussi, on associe à l'Olivier des pêchers ou autres arbres fruitiers destinés à disparaître dès que l'Olivier aura atteint un développement suffisant. Autrefois, en Languedoc et en Provence, on plantait fréquemment des vignes comme culture d'attente ; mais il est arrivé, le plus souvent, que l'inverse s'est produit : on a arraché les oliviers pour laisser toute la place à la vigne, dont la supériorité économique était devenue incontestable.

L'avantage des cultures annuelles est de fournir un produit immédiat et de ne pas engager l'avenir.

Distances à observer dans les plantations. — La distance à réserver entre les arbres dépend tout à la fois de la nature du sol, de son approvisionnement d'eau, du climat, et de la variété cultivée. Il va sans dire qu'elle peut varier également dans les limites très étendues quand l'Olivier est associé à d'autres cultures et suivant l'importance que l'on veut donner à ces dernières.

A la limite septentrionale de la région de l'Olivier, où les arbres n'atteignent que de faibles dimensions relatives (la Verdale, en particulier), on rencontre des plantations à l'écartement de 5 mètres en tous sens, ce qui donne 400 pieds par hectare. Avec des variétés plus vigoureuses, cet espacement serait trop réduit, il est plus convenable de planter à 6 mètres au carré, soit 280 pieds par hectare.

Dans les Alpes-Maritimes, l'écartement moyen est de 8 mètres, soit 156 arbres à l'hectare; les oliviers de cette région atteignent aisément une taille très élevée, et sont généralement tenus trop hauts, faute d'un élagage régulier.

En Algérie, on plante communément — soit à 10 mètres (100 arbres à l'hectare) — soit à 12 mètres (66 arbres à l'hectare).

Enfin, c'est en Tunisie que l'on donne à l'Olivier le maximum de place, encore que les espacements y varient sensiblement suivant les régions.

«Dans la région Nord (environs de Tunis, Bizerte, Teboursouk), les arbres sont à 10 ou 12 mètres; il y pleut davantage que dans le Sud, la terre y est plus fertile; néanmoins, les arbres souffrent; les racines vont se rejoindre d'un arbre à l'autre et forment dans la terre un véritable filet. Dans le sahel tunisien, les écartements sont généralement de 15 mètres; dans la région de Sfax, dans les sables, on a adopté l'écartement uniforme de 24 mètres, que l'on pourrait souvent, semble-t-il, ramener à 20. En adoptant un écartement aussi grand, les Arabes ont eu surtout pour but de faci-

liter leurs cultures intercalaires, mais, comme ces cultures
cessent à la dixième année environ, les racines des arbres,
même à 20 mètres, laisseraient encore dans l'interligne un
bon espace où on pourrait faire des cultures. A 24 mètres
en carré, il n'y a que 17 pieds par hectare ; en quinconce, on
arriverait à 20 pieds ; à 20 mètres, on aurait 25 pieds en
carré et 27 en quinconce» (1).

Ces écartements, qui peuvent paraître excessifs au premier
abord, sont commandés par la sécheresse et la chaleur
du climat de ces régions. Il faut à l'Olivier placé dans ces
conditions un énorme cube de terre pour lui fournir l'eau
dont il ne saurait se passer ; en même temps que par ses
dimensions élevées, il se défend mieux contre la radiation
solaire.

Exécution de la plantation. — L'emplacement des arbres
ayant été déterminé par un tracé régulier, en carré ou en
quinconce, on creuse des fosses de 1 mètre à 1 m. 50
de côté et de 0 m. 80 à 1 mètre de profondeur. Ce travail
doit être exécuté d'avance, autant que possible : en avril-mai
si l'on doit planter en novembre ; en septembre-octobre si la
mise en place a lieu en février.

Il est toujours utile de mélanger à la terre soit du terreau,
soit du fumier ou des engrais quelconques, organiques ou
minéraux : ces derniers toutefois ne seront appliqués qu'à dose
modérée, pour éviter de brûler les premières radicelles.
Autrefois, en Languedoc, on avait coutume de placer au fond
de chaque fosse un assez gros fagot de buis ou de chêne-vert,
qui formait drainage, et fournissait par sa décomposition un
peu de fraîcheur et une quantité appréciable de principes
fertilisants, le buis en particulier, très riche, comme l'on
sait, en azote.

---

(1) N. MINANGOIN. — *Loc. cit.*

L'OLIVIER.   8

Au fond de la fosse, on dispose d'abord un peu de terre
meuble, amendée comme il vient d'être dit; on place l'arbre,
les racines bien étalées, et de façon que le collet arrive au
niveau du sol quand la terre se sera tassée. On achève ensuite de
combler le trou, en disposant les bords en cuvette, — ouverte
du côté de la pente supérieure, — pour recueillir les eaux pluviales. Pendant le remplissage, il est très utile d'arroser comme
on le fait pour tous les autres arbres, afin d'assurer un contact
plus intime entre la terre et les racines, faciliter l'émission
des premières radicelles et assurer ainsi la reprise. En cas
de sécheresse persistante, cet arrosage devra être renouvelé,
au moins une fois, un mois au plus tard après la plantation.

A part le cas des souchets, qui a déjà été envisagé, on peut
planter soit des arbres déjà greffés en pépinière ou des sujets
provenant de boutures de bonnes variétés, soit encore des
sauvageons destinés à être greffés sur place, bien que ce
dernier système soit peu recommandable.

La toilette à faire subir à l'arbre, avant ou de suite après la
plantation, variera naturellement avec son état de formation.
Le sauvageon, constitué habituellement par une tige unique,
sera recepé du tiers ou du quart de sa longueur ; les rameaux
latéraux, qui ne doivent exister qu'à la partie supérieure de
la tige si l'arbre a été bien conduit en pépinière, seront
pincés à moitié longueur.

S'il s'agit d'arbres greffés ou venus de bouture, ils seront
traités de la même manière s'ils sont constitués par une tige
unique. Si au contraire ils portent des bifurcations destinées
à fournir les premières branches de charpente, on se contentera
de rogner ces branches charpentières à la longueur qu'elles
doivent conserver.

IV. — AMÉNAGEMENT DES BOIS D'OLIVIERS SAUVAGES

Dans les pays comme l'Algérie et la Tunisie, où abondent les vieux oliviers sauvages, les colons ont été naturellement amenés à chercher à utiliser tous les beaux arbres répandus sur leurs exploitations, et depuis longtemps déjà ils se sont mis à les greffer soit avec les meilleures variétés indigènes, soit avec des variétés importées de France, d'Espagne ou d'Italie.

Lorsque la charpente de ces arbres est à peu près régulière, qu'ils sont sains et vigoureux, on greffe en couronne sur les grosses ramifications, ainsi que le montre la figure ci-contre. (Voir aussi la figure de la page 120). Ce mode est également usité en Provence pour remplacer des variétés qui ont cessé de plaire, ou qui ne produisent pas assez.

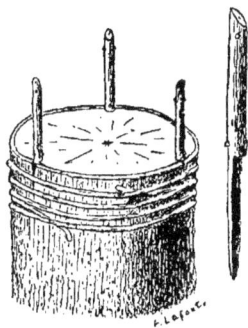

Détails du greffage en couronne. — Suivant la grosseur des branches, on pourra mettre deux ou trois greffons.

Cette greffe a l'avantage très appréciable, dans les pays de parcours, de mettre à l'abri de la dent du bétail les jeunes pousses dont il est très friand. On peut justement lui reprocher, cependant, de nécessiter un travail considérable pour éliminer les repousses qui se montrent de toutes parts sur les parties des branches charpentières situées au-dessous des greffons.

C'est pour éviter cet inconvénient que le plus souvent, en France, quand on veut transformer ou rajeunir de vieux oliviers, on emploie plus volontiers la greffe en placage, qui réussit aussi très bien.

Les écussons se placent sur les premières ou les secondes ramifications de la charpente ; en en mettant un de chaque côté de chaque branche, on double les chances de reprise et lorsque tous deux se développent, ce qui est le cas général, la charpente est plus vite reconstituée. Pour favoriser l'évolution des greffons, on pratique, dix centimètres plus haut, une

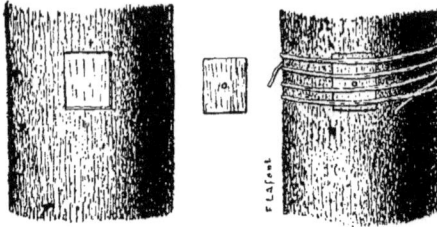

Greffe en placage sur grosses branches de charpente.

incision assez profonde qui interrompt la circulation de la sève ; on supprime toutes les branches dès que les pousses des greffes sont bien développées.

Cependant, quand il s'agit du rajeunissement de variétés productives, et non d'arbres sauvages, on attend parfois l'hiver pour décapiter les sujets, après en avoir récolté les olives, souvent mal mûries sur des branches affaiblies par l'incision pratiquée à leur base.

Les arbres jeunes, bien droits de tronc, pourront être simplement recepés à la hauteur où l'on veut établir la charpente, et greffés soit en couronne, soit en fente double, avec toutes chances de succès.

Greffage de jeunes arbres en fente double

Le greffage en fente double s'appliquerait également, au besoin, à des branches charpentières bien disposées et à écorce lisse.

M. le Dr TRABUT (1) signale encore un procédé plus radical

(1) Dr TRABUT. — Loc. cit.

employé souvent en Algérie (et quelquefois en France). On
coupe les oliviers ras de terre, puis on greffe en couronne sur
la souche. On maintient les greffons au moyen d'une plaque
mince de cuivre
fixée par des clous.
Après la pose des
greffons, on recou-
vre la souche de
terre meuble, puis
on accumule au-
tour de grosses
pierres qui servent

Olivier greffé ras de terre à Tazmalt (d'après M. le
Dr TRABUT).

à fixer des fagots épineux de jujubiers sauvages. On enlève
les gourmands au fur et à mesure qu'ils apparaissent.

Mais en dehors des territoires soumis à la culture, on compte,
en Algérie, environ 300.000 hectares de forêts ou de broussailles contenant une forte proportion d'oliviers sauvages.

Y aurait-il intérêt à transformer, sinon la totalité, au moins
une grande partie de ces peuplements en olivettes de rapport?
Telle est la question que posait récemment M. M. COUPUT,
directeur du Service pastoral de l'Algérie, et à laquelle il répond par l'affirmative (1).

«A l'heure actuelle — écrit M. COUPUT, — la France verse de
nombreux millions à l'Espagne et à l'Italie, en échange des
huiles qu'elle est obligée de leur acheter tous les ans. La
question me semble donc résolue au point de vue économique.

»Au point de vue cultural, les fort beaux résultats obtenus par M. Rouyer, à Hammam-Meskoutine, et par tous les
colons qui ont fait preuve de la même initiative, ceux que l'on
peut constater soit sur les domaines qui ont appartenu à
M. Nicolas, sur les bords de la Seybouse, soit sur nombre
d'autres points de l'Algérie, ne laissent subsister, non plus,
aucun doute.

_____

(1) M. COUPUT. — L'Olivier. Loc. cit.

»J'ai pu me rendre compte de très près, dans ma propriété de Kabylie, des bénéfices que donne un Olivier greffé ; j'ai pu voir les avantages considérables obtenus dans la vallée de l'Oued-Sahel par la transformation en champs donnant déjà des produits remarquables, d'anciennes broussailles sans valeur.

»Il suffit généralement d'une dizaine d'années et d'une mise de fonds relativement peu élevée pour obtenir par la greffe des récoltes sérieuses et pour décupler, je dirai même parfois centupler, la valeur du fonds lui-même...»

D'après M. Couput, auquel nous empruntons ce qui va suivre, voici comment il conviendrait de s'y prendre pour former une olivette avec le moins de frais possibles, en utilisant un peuplement d'oliviers sauvages :

« Les procédés à employer diffèrent naturellement selon la fertilité du sol, la nature des broussailles et de la végétation spontanée qui le couvrent, l'éloignement plus ou moins grand d'un centre de consommation où peuvent être vendus les produits de débroussaillement, enfin selon la grosseur et le nombre des sujets à greffer.

»Lorsque les sauvageons sont simplement clairsemés dans un champ déjà mis en culture, les frais sont presque nuls ; ils consistent simplement à rabattre ces arbres sur les branches maîtresses et, après les avoir greffés en couronne, à les mettre à l'abri de la dent du bétail. Les autres soins culturaux leur sont donnés par les façons que demandent les cultures faites sur le champ qui les porte

»Quand, au contraire, les sauvageons occupent des terres non défrichées, couvertes de bois ou de broussailles, on se trouve en présence de trois cas bien différents :

»Ou bien la broussaille est assez forte pour que la fabrication des fagots ou du charbon couvre à peu de chose près le coût du défrichement, il faut alors procéder à cette opération sans retard.

»Ou bien les essences qui accompagnent l'Olivier sont de telle nature que leur produit ne peut payer que le débroussaillement au ras du sol. Je conseillerai, dans ce cas, de se contenter seulement de cette simple opération et de ne défricher qu'un carré de 1 ou 2 mètres de côté autour de chaque arbre à greffer et selon sa grosseur.

»Ou bien la végétation spontanée est de telle nature qu'elle ne peut même égaler la dépense à faire pour nettoyer le terrain. Mieux vaut dans ce cas, pendant les quatre ou cinq premières années, laisser le sol en l'état et cultiver seulement le pourtour de chaque arbre.

»Il s'agit, en effet et avant tout, de réduire dans toute la limite du possible les frais de premier établissement d'une plantation dont le produit ne doit entrer en ligne de compte qu'au bout d'une dizaine d'années.

»Si les arbres à greffer sont de haute venue, ils peuvent se défendre seuls de la dent du bétail; il n'y a donc qu'à les greffer sans autres précautions à prendre. Tous les genres de greffes peuvent s'appliquer à l'Olivier, mais nous verrons plus loin qu'il faut préférer la greffe en couronne pour les gros sujets et la greffe à écusson chaque fois qu'elle est possible.

»S'il s'agit de broussailles rabougries continuellement mangées par les troupeaux et dont le système radiculaire seul a conservé toute sa vigueur, il faut en opérant le débroussaillement faire, tout autour de la place défrichée, avec les bois épineux que l'on a retirés, une haie qui empêche absolument les troupeaux de s'approcher plus tard des greffes dont ils sont très friands. C'est là un travail qui coûte fort peu avec la main-d'œuvre indigène et qui est très largement payé parce que lorsque les greffes ne peuvent plus être attaquées par les moutons, il y a un sérieux avantage à faire pâturer les champs qui les portent. L'on retire ainsi un produit animal qui n'est pas à dédaigner et l'on empêche la broussaille de se développer avec trop de vigueur, lorsqu'elle a été simplement coupée au ras du sol.

»On doit enfin employer toutes les journées perdues pendant la morte saison à augmenter petit à petit la surface nettoyée autour de chaque arbre et avoir grand soin, lorsque le terrain est très en pente, pour empêcher les eaux d'entraîner les terres récemment mises à nu, de faire avec les broussailles coupées de légers barrages dans chaque ravin, dans chaque rigole qui se forme. On peut ainsi mettre en défense les pentes les plus fortes, surtout si l'on a le soin de laisser, de distance en distance, des bandes de broussailles non défrichées et de 1 mètre de largeur. Ces bandes protectrices doivent être presque horizontales, mais présenter pourtant une légère pente partant des parties ravinées pour diriger les eaux sur les parties planes.

»Ces travaux préparatoires terminés et les arbres nettoyés, on les greffe le printemps suivant.

»J'ai vu, dans certaines régions, receper à 1 mètre du sol de beaux arbres bien établis sur lesquels on mettait une vingtaine de greffes en couronne espacées de 8 à 10 centimètres l'une de l'autre. Je ne saurais trop m'élever contre un mode de procéder aussi barbare, aussi peu rationnel qui n'a pu être inventé que par des greffeurs à qui l'on abandonnait le bois coupé pour la mise en valeur des arbres.

Vieil olivier greffé en couronne sur les branches charpentières.

»Lorsque l'on a affaire à des arbres pareils, c'est toujours sur les branches maîtresses recepées à 0 m. 50 ou à 1 mètre du tronc, quelquefois même davantage, qu'il faut placer les greffes.

»L'opération est ainsi bien plus facile, les greffes sont à l'abri des animaux, mais, surtout et avant tout, il suffit, en opérant de la sorte, de quelques années seulement pour avoir un arbre complètement refait et de haut rapport.

»J'ai remarqué, en effet, qu'il faut en moyenne à une branche maîtresse ou à un tronc recepé couvert d'une quantité de greffes proportionnelles à sa grosseur, autant d'années que la section faite a de centimètres de diamètre pour reconstituer sa ramure antérieure.

»Si donc l'on greffe sur les branches maîtresses ayant 5 ou 6 centimètres de diamètre, il leur faut cinq ou six ans pour reprendre leur volume primitif; en greffant sur le tronc lui-même, il faudrait quarante ans s'il a 0 m. 40 de diamètre.

»De plus, en plaçant les greffes en couronne sur une branche dont le diamètre n'est pas trop gros, la section de cette branche est assez promptement recouverte par l'empâtement des greffes qui se soudent entre elles; le cœur de l'arbre ne se dessèche ni ne se fend; il y a une abondante frondaison qui rétablit rapidement l'équilibre entre les branches et les racines. Plus tard enfin, lorsque l'on supprime une partie de ces greffes pour donner de l'air et de la lumière aux autres, elles sont toutes soudées entre elles et leur empâtement sur le sujet est tel que la soudure est parfaite et que l'on ne risque plus de voir le vent les arracher.

»C'est là un ensemble de résultats presque impossible à obtenir lorsque l'on greffe sur des troncs de 0 m. 30 à 0 m. 40 de diamètre.

»Il arrive encore souvent que le tronc du sauvageon a été touché par les flammes ou qu'à la suite de blessures reçues il s'est en partie vidé. Les branches maîtresses sont presque toujours, malgré cela, bien attachées au tronc, pleines de vigueur et le bois en est très sain; les greffes qui y sont placées peuvent pendant des siècles donner de fort belles récoltes; recepé, un tronc pareil n'eût été bon à rien, il eût fallu placer les greffes sur les racines maîtresses ou sur les drageons poussés sur la souche, c'était au moins quinze ou vingt ans perdus.

»Je dois enfin faire une dernière remarque.

»Les études de **M.** Gustave Rivière ont prouvé, surtout par la différence considérable de sucre que donne une même variété de pommes selon qu'elle a été greffée sur cognassier ou sur franc, l'influence du sujet sur la greffe. Il semble, dans l'Olivier, que par l'échange des sucs qui se produit entre la souche et la frondaison, la greffe agit à son tour sur le sujet. De jeunes sauvageons tout biscornus prennent en quelque temps une écorce plus fine, plus lisse; le tronc lui-même devient plus régulier.

»Aussi, lorsqu'il s'agit de greffer des broussailles, je suis aujourd'hui d'avis — et cela contrairement à ce que j'ai pratiqué pendant longtemps – qu'il vaut mieux greffer aussi haut que possible. On gagne ainsi un temps considérable et les greffes sont bien mieux à l'abri des troupeaux. Il ne faut receper sur les racines que les tiges qui ont été absolument abîmées; on les greffe alors sur le collet, en couronne, si l'écorce le permet, ou l'on attend un an ou deux pour greffer en écusson les drageons les mieux venus.

»Les arbres sont ainsi bien établis, mais ils produisent moins promptement.»

D'après M. Couput, à défaut des particuliers, l'État lui-
même aurait de grands avantages à entreprendre la mise en
valeur de tous les peuplements qu'il possède. Mais l'étude de
cette question sortirait du cadre de ce livre.

V. — TAILLE DE L'OLIVIER

Taille de formation. — Dès que la tige de l'Olivier a
atteint la hauteur qu'on veut lui donner, qu'il provienne de
bouture ou de greffe, qu'il soit encore en pépinière ou trans-
planté à demeure, il faut se préoccuper de lui constituer une
charpente régulière.

La forme préférée généralement est le gobelet plus ou
moins évasé, et c'est la meilleure. La forme dite tabulaire,
adoptée sur quelques points du littoral français, paraît moins
favorable à la fructification ; elle favorise l'émission de nombreux gourmands verticaux au détriment de l'élongation des
ramifications fructifères. Elle aurait l'avantage, au dire de
ses partisans, de donner moins de prise aux vents violents,
mais l'Olivier est assez robuste pour braver le mistral, quelle
que soit la disposition adoptée.

La dimension donnée au tronc sera différente suivant la variété, le sol et le climat ; suivant aussi que l'on a l'intention
de faire ou non des cultures intercalaires. Les variétés à faible développement, comme par exemple la Verdale, pourront
être établies, en terrain maigre, à 1 m. de hauteur ; en terrain frais, à 1 m. 20, la cueillette en sera d'ailleurs d'autant facilitée. Les variétés à végétation puissante, comme le
Caillet des Alpes-Maritimes, comme la Pigale du Languedoc,
sont tenues plus haut : de 1 m. 50 à 1 m. 80.

Dans les climats très chauds, en Algérie, en Tunisie, il est
indiqué de tenir aussi les branches fruitières éloignées du sol ;
elles y ont plus d'air et moins de chaleur. D'une façon générale, les plantations à grands écartements, qui donnent des

arbres de haute taille, comportent des troncs plus élevés que les plantations denses. On a intérêt, cependant, à ne pas exagérer les dimensions des arbres en hauteur, la récolte des olives étant d'autant plus onéreuse qu'elles sont plus difficiles à atteindre.

Quelle que soit la dimension donnée au tronc, la taille de formation de la charpente reste exactement la même.

Le jeune arbre figuré ci-contre (A) sera supposé tout greffé et mis en place depuis un an; il a bien repris, sa végétation a été normale, il va pouvoir pousser vigoureusement au cours de la seconde année. La première taille, que l'on effectue au printemps, consistera à supprimer au point marqué X l'extrémité de la tige. On conservera, à la partie supérieure, quatre rameaux disposés en croix, s'ils existent (s'il n'y en avait que deux ou trois bien placés, la charpente s'établirait sur trois ou deux branches au lieu de quatre; ce serait toutefois un retard que l'on évite autant que possible). En même temps, on supprime toutes les ramifications inférieures.

L'olivette étant supposée bien soignée, les quatre rameaux supérieurs se développeront avec vigueur, tout en se couvrant, à leur tour, de ramifications secondaires. A la fin de la saison, ils auront l'aspect de la figure B.

A. Première taille pour la formation de la charpente.

La seconde taille s'effectuera comme la première, au printemps. On coupera en X les extrémités des quatre premières branches charpentières, on laissera toute leur longueur aux deux rameaux supérieurs A, A, et on pincera toutes les autres brindilles. La même opération s'appliquant aux quatre branches primitives, on aura, cette seconde année, huit rameaux principaux constituant huit branches de charpente.

B. Deuxième taille pour la formation de la charpente.

Au troisième printemps, chacune de ces branches en aura produit deux autres; un an plus tard, on aura obtenu deux nouvelles bifurcations sur chaque rameau, ainsi que le montre la figure C. Une nouvelle section en X permettra de doubler encore le nombre des branches charpentières, en favorisant le développement des rameaux A, A.

Théoriquement on peut donc obtenir en quatre ans, par

C. État de la taille au quatrième printemps.

bifurcations successives, 32 branches charpentières, ce qui est généralement suffisant. Mais la végétation est rarement assez vigoureuse pour permettre d'aller aussi vite, et il faut

souvent deux ans au lieu d'un pour établir chaque étage de
branches.

Suivant les variétés et les climats, on donnera à chacune
des ramifications de la charpente de 0 m. 40 à 0 m. 75 de
longueur.

Si l'opération a été bien conduite, on aura ainsi formé un
gobelet très évasé vers la base, et se redressant ensuite à
peu près verticalement. Les diverses branches de charpente
seront à des distances à peu près égales les unes des autres,
et auront toutes une vigueur satisfaisante. Les arbres, même
l'Olivier, ne se prêtent pas toujours aisément à une parfaite
symétrie ; dans la pratique, on se rapproche autant que faire
se peut de la forme idéale, sans pouvoir prétendre toujours y
réussir.

Chaque année, au fur et à mesure que l'on monte la charpente, on ébourgeonne, sur les sections déjà formées, toutes
les pousses inutiles ou mal placées. On laisse, sur chaque
section, de 6 à 8 rameaux aussi régulièrement répartis que
possible ; on pince au sécateur ceux qui tendraient à prendre un développement exagéré ; on supprime tous les autres.

L'arbre est maintenant formé, par les mêmes procédés
appliqués à tous les arbres de plein vent, et il n'y a là aucune
réelle difficulté pratique. Suivant que l'on y aura pris un peu
plus ou un peu moins de soin, on aura des arbres d'un
aspect plus ou moins flatteur, mais toujours aptes à fructifier
abondamment si on leur applique par la suite une taille raisonnée sans leur ménager les soins de culture et de fumure
indispensables à une haute production.

Taille à fruits. — Bien que la culture de l'Olivier remonte à la plus haute antiquité, qu'il ait été chanté par les
poètes et étudié par tous les auteurs anciens et modernes, il
n'est guère de question plus controversée que le genre de
taille qui lui convient le mieux.

En réalité, *on ne taille pas* l'Olivier, *on l'élague*, comme on

fait d'ailleurs pour la plupart des arbres de plein vent, auxquels l'application d'une taille normale, telle qu'on peut la
pratiquer dans les jardins, n'est pas économiquement possible.

Comme le pêcher, l'Olivier donne ses fleurs et ses fruits
sur le bois de deux ans, c'est-à-dire sur le bois de l'année
précédente; et tout rameau qui a fructifié reste désormais
stérile. On sait par quels artifices nos habiles jardiniers arrivent à faire produire aux pêchers palissés du bois de remplacement, de façon à assurer une fructification régulière,
tout en maintenant la charpente des arbres dans les limites
restreintes qui lui sont assignées. Mais on ne saurait songer
à transporter dans les vergers de plein vent ces pratiques
minutieuses, même pour les pêchers. Aussi dépérissent-ils
assez rapidement, épuisés, semble-t-il, par l'allongement
excessif de leurs branches fruitières qui s'éloignent de plus
en plus de leur base.

L'Olivier présente cette grande supériorité sur le pêcher, de
donner aisément des repousses sur le vieux bois, et c'est
pourquoi, au lieu de disparaître au bout de 15 à 25 ans,
comme la plupart des pêchers de plein vent, il se maintient
vivant et robuste pendant des siècles, même sans aucun
soins; ses branches trop vieilles peuvent se dessécher, elles
sont remplacées par des pousses nouvelles qui le rajeunissent
indéfiniment.

Les traitements qui, sous le nom de taille, sont appliqués
à l'Olivier, varient à l'infini, suivant les régions et parfois,
dans une même localité, avec les ouvriers qui en sont chargés. Mais les pratiques les plus répandues peuvent être clas-
sées tout d'abord en deux catégories : *taille bisannuelle* et
taille annuelle.

La taille bisannuelle se rapproche, disent ses adeptes, de
la condition naturelle de l'arbre. En liberté, la fructification
ne serait que bisannuelle, l'arbre employant une première
année à produire le bois qui portera fruit à la saison sui-

vante. Cette conception est au moins très exagérée. S'il est
notoire que la plupart des arbres ne recevant aucuns soins ne
fructifient abondamment qu'une année sur deux, il n'en est
pas moins vrai qu'ils peuvent fructifier tous les ans, parce
que tous les ans ils peuvent produire de nouveaux rameaux
qui se mettront à fruit l'année suivante. Si la fructification
est irrégulière, c'est qu'en l'absence de toute taille — et souvent aussi de toute fumure — l'arbre s'épuise par une production surabondante, et qu'il a besoin de se refaire, de
reconstituer ses réserves avant de donner de nouveaux fruits.
Mais tout arbre, et en particulier tout Olivier convenablement conduit, fructifiera tous les ans, à moins d'intempéries venant emporter la fleur. L'expérience s'en est faite dès
longtemps dans les bonnes olivettes du Languedoc.

Le problème se borne donc à déterminer laquelle est la plus
avantageuse de la taille annuelle ou de la taille bisannuelle ;
peut-être aussi trouvera-t-on la solution dans un système intermédiaire.

Taille bisannuelle sévère. — Il ne faudrait pas croire que
l'expression de *taille bisannuelle* désigne partout un même et
unique procédé ; rien de moins uniforme, en effet, et la taille
dite *sévère* diffère absolument des tailles *moyennes* ou *douces*,
suivant le vocable adopté.

La taille sévère peut être considérée comme le vrai type de
la taille bisannuelle. Basée sur ce principe qu'il faut remplacer le bois vieux par du bois nouveau, elle consiste à supprimer tous les rameaux, à l'exception de quelques *tire-sève* situés à l'extrémité des plus hautes branches de charpente, et
à ne conserver, en somme, que le squelette de l'arbre. On ne
saurait mieux comparer cette taille qu'à celle appliquée au
mûrier dans le Midi de la France, à cette seule différence
qu'elle a lieu en hiver au lieu d'être exécutée en été. Dans ces
conditions la production est forcément bisannuelle. L'année

qui suit la taille, l'arbre produit du bois, qui fructifie à la deuxième année. Après quoi, on recommence.

C'est très simple, il n'est pas besoin d'artistes pour exécuter un pareil travail et l'on doit même ajouter que, au moins dans les terres de qualité moyenne, l'arbre ne paraît pas souffrir de ce traitement énergique.

Cette taille bisannuelle complète ne laisse pas que de présenter quelques avantages. Sa simplicité d'abord, qui la fait peu coûteuse. En outre, elle débarrasse les arbres de presque tous leurs

Taille sévère ou taille de rajeunissement.

parasites, cochenilles et autres, et la fumagine n'a guère le temps de s'y établir. L'on conçoit aussi que si elle était appliquée d'une façon générale et obligatoire dans toute la Provence et la Rivière de Gênes – comme on l'a jadis proposé · elle amènerait infailliblement la disparition du *Dacus*, cet autre destructeur terrible des récoltes d'olives.

Cette médaille a son revers, surtout dans les terrains uniquement réservés à l'Olivier, et où, par conséquent, tous les frais de culture incombent à la production de l'huile. En admettant même, en effet, que la récolte bisannnelle donne un rendement aussi élevé que deux récoltes consécutives — ce qui est rarement vrai — si cette récolte vient à manquer, par suite d'intempéries au printemps, et que l'on continue à suivre les mêmes errements, il aura fallu attendre quatre ans pour faire une recette. Et cette seule considération suffit à condamner la taille bisannuelle sévère systématique. La situation de l'oléiculteur est moins mauvaise s'il consacre les interlignes à des cultures intercalaires ; ces cultures sont un complément presque nécessaire des olivettes ainsi conduites.

Taille bisannuelle modérée. — La taille bisannuelle *moyenne* ou *douce* est très différente de ce que l'on vient de voir. Ce n'est plus qu'un élagage plus ou moins complet, et qui demande alors quelque habileté de la part des ouvriers chargés de l'exécuter.

C'est celle que recommandait RIONDET (1), dans son excellent travail sur l'Olivier :

«La taille de l'Olivier doit se borner à un simple élagage, et à faire tomber les brindilles qui, après s'être allongées pendant plusieurs années, et avoir donné successivement du fruit sur toutes leurs parties, commencent à s'épuiser et à se dessécher..... Généralement, on croit qu'il vaut mieux ne le faire que tous les deux ans. Alors, dans le courant de l'été qui suit l'élagage, l'Olivier travaille à faire du bois pour donner sa récolte l'année suivante. On n'a donc guère des olives que tous les deux ans».

C'est un système analogue que préconisait dans les Alpes-Maritimes, en 1887, M. le docteur JULES FÉRAUD (2), qui s'appliquait à la régénération des olivettes de la région de Grasse, déprimées par l'inculture et la fumagine, et mises en coupe réglée par le Dacus :

«Parcourant depuis 1868 — disait M. le Dr Jules Féraud — nos campagnes d'oliviers qui ressemblent au *Lucus sacer* des anciens, j'estime que le procédé le plus rationnel pour les revivifier consiste à porter impitoyablement la hache sur tous les arbres trop vieux et à améliorer par une taille économique les arbres restants. Depuis

---

(1) A. RIONDET. — L'Olivier.
(2) Docteur J. FÉRAUD et F. GOS. – Vigne et Olivier. Nice, 1887.

six ans, sur le conseil et l'exemple de MM. Daver, mes oncles, j'ai
essayé de ces coupes nouvelles, j'en ai obtenu les résultats les plus
satisfaisants et je me fais un devoir de les publier.

»La méthode consiste, après avoir supprimé tous les arbres douteux ou trop serrés, à ébrancher, toutes les années *paires*, les arbres
laissés en place et à faire avec le sécateur une rapide toilette des
branches conservées. Il faut procéder avec le couteau-scie, en allant
de bas en haut, ne pas hésiter à sacrifier les branches douteuses et
mal orientées, évider complètement l'arbre à l'intérieur de manière
à tourner toute la surface végétante et fructifère à l'air, au soleil et
à tous les agents atmosphériques modificateurs. J'estime qu'il ne
faut pas couronner les arbres trop bas, les cimes étant très fructifères, leur ablation détruit l'harmonie naturelle de l'arbre et produit un grand nombre de tiges adventives ou tétarelles. La tétarelle,
voilà l'ennemi de l'olivier; il importe, par nos tailles, d'en éviter la
trop grande production et, dans tous les cas, d'enlever les pousses
gourmandes dès qu'elles paraissent. Je crois devoir faire cette remarque parce que cette taille nouvelle a déjà rencontré de nombreux
imitateurs qui, frappés de ses résultats, l'ont pratiquée avec un soin
trop révolutionnaire. Il faut toujours proportionner la taille à la
vigueur du sujet, à son harmonie naturelle et à sa variété. La taille
du Cailletier ne peut être la même que celle du Blanquetier, Ribeiro
et autres variétés de l'Olivier.

»La diminution de la surface végétante de notre arbre communi-
que une très grande vitalité aux branches restantes, les fruits sont
plus beaux et plus hâtivement mûrs ; on arrive de cette façon à une
culture intensive de l'Olivier, laquelle, en dehors de ses avantages
économiques, de sa facile application, permet d'épargner les fumures trop coûteuses et trop abondantes.

»Tout le monde a été frappé de la fructification plus régulière des
arbres qui se trouvent sur les bords de nos routes; on a essayé de
l'expliquer par l'influence bienfaisante et hypothétique de la poussière; mais n'est il pas plus rationnel de mettre ce résultat au
compte de cette grande tranchée d'air et de lumière qui laisse
l'arbre en contact avec les agents extérieurs ? Si, d'autre part, nous
nous reportons à la triste année de la gelée de 1820, nous apprenons
de tous les témoins oculaires que jamais récolte ne fut plus belle
que celle de l'année 1822. Quel fut le procédé suivi à cette époque?
La suppression radicale de tous les arbres trop malades et l'ébran-
chement général de ceux qui avaient mieux résisté.

»Ce procédé qui économise 50 o/o dans la main-d'œuvre, qui épar-

gne beaucoup d'engrais, permet d'éviter ou tout au moins de guérir le noir des oliviers, cette maladie cryptogamique qui, depuis
deux ans, a étendu sur la partie moyenne de l'arrondissement de
Grasse une bande de deuil de 20 kilomètres de long et de plusieurs
de large. Les brouillards, cause indiscutable de cette maladie, ne
pourront plus porter leurs buées parasitaires sur des cultures largement aérées.

»Il y a quelque temps, on a édicté des arrêtés tendant à régle-
menter la cueillette des olives et à ramener la bisannuité régulière
de nos récoltes. Ces règlements, contraires à la liberté des citoyens,
ne peuvent être appliqués légalement. J'estime que les lois natu-
relles sont supérieures à tous les ukases préfectoraux et gouverne-
mentaux; il faut les connaître et les appliquer dans l'exploitation
agricole.

»Si tous les propriétaires d'oliviers voulaient reconnaître ces lois
physiologiques, il est fort probable que nous verrions revenir nos
récoltes régulières tous les deux ans, récoltes qui se chiffraient par
10 à 12 millions dans le département et représentant des centaines
de millions perdus pour la fortune nationale».

La taille bisannuelle ainsi pratiquée constitue, cela n'est
pas douteux, un énorme progrès pour cette région où l'on
abandonne encore trop volontiers les arbres à eux-mêmes,
mais elle prête aussi, sur quelques points, à la critique.
L'ébranchage seulement partiel des oliviers laisse subsister,
en effet, un nombre suffisant de jeunes rameaux pour assurer la production d'une demi-récolte ou d'un quart de récolte
d'olives, pâture préparée pour la perpétuation du Dacus ;
on conserve aussi d'abondantes colonies de cochenilles et
assez de fumagine — quand elle existe   pour infester les
pousses de l'année suivante. De sorte que, pour une très petite
récolte, relativement coûteuse à faire, on perd le principal
bénéfice de la taille bisannuelle qui, plus radicale, débarrasse
les arbres à peu près complètement de leurs parasites.

Taille annuelle. — Le principe de cette taille, pratiquée
dans de nombreuses olivettes du Languedoc, est fort simple :
supprimer tous les bois de deux ans qui viennent de donner

leurs fruits, et conserver tous les bois de l'année, qui fructifieront à la saison suivante.

En fait, on est forcé de donner quelques accrocs au principe, car la plupart des rameaux qui ont porté des olives se sont en même temps allongés ; ils ont, eux aussi, produit du bois nouveau, que la taille va supprimer en faisant tomber le bois de deux ans.

On ne doit donc conserver que des pousses nouvelles, venues sur les branches charpentières ou sur leurs principales ramifications. Voilà la théorie. Dans la pratique, on élague à peu près la moitié de la ramure, en ne conservant que le moins possible de vieux bois, et en s'efforçant d'équilibrer toutes les parties de l'arbre. On sacrifie au besoin un peu de bois nouveau, s'il se trouve trop touffu sur certaines parties des branches, pour obtenir un gobelet bien régulier, bien ouvert, bien aéré et ensoleillé de toutes parts.

Si l'on sait proportionner le nombre des brindilles fructifères à la force de l'arbre, il n'y a aucune raison pour que la production n'y soit pas annuelle et régulière. Et c'est, en effet, ce que l'on constate quand le travail n'est confié qu'à des ouvriers connaissant leur métier. Les interruptions ou les diminutions de récolte ne proviennent plus que des intempéries, avec lesquelles il faut toujours compter.

La taille annuelle, convenablement exécutée, a donc l'avantage incontestable de fournir des récoltes annuelles. Par contre, on lui reproche d'être deux fois plus coûteuse que la taille bisannuelle, ce qui est exact.

Elle offre encore l'inconvénient, à un plus haut degré que la taille bisannuelle modérée, de perpétuer les maladies et les insectes, qui trouvent toujours en abondance des rameaux à envahir et des fruits à attaquer.

Taille mixte. — On désignera sous ce nouveau vocable une combinaison entre la taille bisannuelle sévère et la taille

annuelle, qui paraît — à l'auteur de ce livre — réaliser les
conditions les plus favorables à une abondante production
tout en offrant des moyens suffisants de défense contre les
parasites.

Elle consiste en des élagages annuels très légers, combinés
avec une taille de remplacement tous les quatre ou cinq
ans, suivant le développement des arbres et leur état de
végétation et de santé générale. On pourrait même prévoir
pour certains cas des périodicités plus longues.

La taille de remplacement ici indiquée n'est autre que la
taille sévère figurée à la page 128. Comme cette dernière, elle
débarrasse l'arbre de la plupart de ses parasites et même du
Dacus, si on la suppose appliquée sur des territoires étendus.
Mais au lieu de ne cueillir des olives que tous les deux ans, on
ne perd plus qu'une récolte sur quatre ou sur cinq. L'avantage
n'en paraît pas douteux, et l'expérience qu'en ont faite déjà
quelques oléiculteurs permet d'affirmer qu'elle n'offre,
d'autre part, aucun aléa.

Dans ce système, les élagages annuels pourront être très
modérés. On laissera s'allonger sans jamais les couper, tous
les rameaux vigoureux, à moins qu'ils ne soient trop nombreux, et ne constituent pour l'arbre une charge excessive en
même temps qu'un ombrage trop épais. On supprimera, au
contraire, les rameaux présentant des signes de faiblesse ou
d'épuisement. En même temps, on éclaircira les jeunes pousses latérales, en proportionnant toujours leur nombre à la vigueur de l'arbre, qui sans cela aurait tendance — comme tous
les arbres fruitiers de plein vent — à donner des récoltes irrégulières.

On aura soin également de supprimer le bois mort, s'il en
existe, et tous le *gourmands*, en les ravalant au-dessus de
leur empâtement. Enfin, on rognera à 2 ou 3 centimètres de
longueur tous les rameaux formant prolongement des branches charpentières supérieures.

Il est entendu que l'arbre devra conserver sa forme de gobelet bien ouvert, dût-on pour cela faire quelques suppressions plus sévères à l'intérieur. Mais si l'on enlève régulièrement les gourmands qui se développent surtout dans cette région de l'arbre la plus ensoleillée, on n'aura que bien rarement l'occasion d'y pratiquer des coupes sombres.

Rajeunissement des vieux oliviers. – Quel que soit le système de taille adopté. — et plus vite encore en l'absence de toute taille — les oliviers vieillissent, comme tout ici-bas, et de temps à autre on voit l'une ou l'autre de leurs branches charpentières se dessécher plus ou moins complètement et ne porter plus que des rameaux chétifs et improductifs.

Si l'affaiblissement n'est que local, le sacrifice du bras malade suffira sans doute. Mais pour peu qu'il y ait apparence de décrépitude générale, il vaut mieux ne pas attendre plus longtemps et rajeunir la charpente

Suivant l'état de l'arbre, on rabaissera plus ou moins, soit sur le premier, soit sur le second étage des branches charpentières, mais toujours sur du bois bien vivant et bien sain. On peut aussi procéder par voie de greffage : en couronne sur des branches un peu hautes ; en placage sur les ramifications inférieures. Mais c'est une complication inutile si l'on ne veut profiter du rajeunissement pour changer la variété cultivée.

Les plaies résultant de la taille de grosses branches pouvant amener la carie du bois, il est indiqué de les passer au goudron ou mieux encore de les recouvrir d'une couche de l'un des mastics employés par les arboriculteurs (1).

---

(1) M. Sirodot, de la Faculté des sciences de Rennes, indique la formule suivante d'un mastic qu'il emploie avec beaucoup de succès, pour badigeonner les plaies de taille ou d'élagage faites aux arbres fruitiers :

Cire d'abeilles	250 grammes
Poix de Bourgogne	250 —
Résine ou goudron de Norvège	250 —
Minium.	150 —

En dehors de la nécessité d'un rajeunissement partiel ou total, on ne doit jamais supprimer de grosses branches, comme ont beaucoup trop de tendance à le faire la plupart des tailleurs d'oliviers, surtout dans les pays où sévit la coutume de leur laisser emporter, chaque soir, l'une des branches qu'ils ont coupées. Il vaut mieux les payer plus cher et ne pas leur laisser faire leur provision de bois, au grand détriment des arbres et des récoltes futures.

VI. — TRAVAUX DE CULTURE

Les travaux de culture ou d'entretien des plantations comprennent essentiellement des labours, des binages, un déchaussage pour l'application des engrais — ou pour recueillir les eaux pluviales - et parfois un buttage.

Lorsque des cultures accessoires sont associées à celle de l'Olivier, ce sont elles qui règlent l'époque, le genre et le nombre de façons données au sol ; on devra s'efforcer cependant de les compléter au besoin si on ne peut les exécuter toutes en temps propice pour le bon entretien des arbres. Mais on ne saurait tracer de véritables règles que pour le cas où l'Olivier occupe seul le terrain.

Travaux d'hiver. — Dès que la récolte des olives est

Suif en quantité suffisante pour rendre le mélange plus fusible et moins cassant.

Pour réussir cette préparation, on doit faire fondre sur un feu doux la cire, la poix, la résine et le suif et ajouter ensuite le minium. Cette addition de minium doit se faire doucement et en ayant soin d'agiter avec une spatule, car elle provoque un brusque dégagement de gaz qui aurait pour effet d'entraîner hors du récipient les matières fondues.

Ce mastic se maintient liquide à une assez basse température pour que son application sur les plaies résultant de la taille ou de la greffe soit sans inconvénient ; il favorise considérablement la cicatrisation de ces plaies, et donne des résultats bien supérieurs à ceux fournis par le carbouyle ou les autres dérivés du goudron.

faite, c'est-à-dire habituellement à la fin de l'automne ou à l'entrée de l'hiver, on exécute le premier labour. Il y a grand intérêt à opérer de bonne heure, car, surtout dans les pentes, la terre remuée par la charrue absorbe beaucoup mieux les pluies de l'hiver, dont une partie peut ainsi être emmagasinée pour les besoins ultérieurs de la végétation. Lorsque l'on cultive des terres sèches, et que l'on n'a pas à redouter des hivers rigoureux, on peut même utilement, aussitôt le labour terminé, disposer la terre en forme de cuvettes, au pied des arbres, pour y accumuler le plus d'eau possible. Dans les terrains en pente, la cuvette sera librement ouverte du côté supérieur pour y recueillir les eaux de ruissellement.

Ailleurs, on use d'autres artifices pour diriger vers les arbres l'eau des terrains voisins :

«Les Kabyles, qui ne labourent qu'une fois leurs arbres chaque année, espacent, en coteau, les traits de charrue de façon à faire une série de sillons profonds tracés en cercle et ramenant l'eau au pied des arbres. Ce système a bien l'avantage de mieux retenir les eaux quand la surface du sol commence à se durcir, mais il offre, par contre, une plus grande surface à l'évaporation. J'aime mieux un labour presque à plat donné deux ou trois fois dans l'année avec quelques rigoles ramenant l'eau dans les cuvettes ménagées au pied des arbres, rigoles que l'on creuse très rapidement avec un simple tracé de charrue, et qui amènent sur le centre des terres labourées l'eau qui ruisselle sur les parties laissées en friche» (1).

La profondeur du labour d'hiver varie beaucoup suivant la nature du sol, les climats et aussi suivant l'outillage agricole souvent très rudimentaire dans les pays à oliviers. Douze à quinze centimètres paraissent suffisants pour assurer et la destruction des mauvaises herbes et la pénétration des pluies même abondantes. Il n'y a pas intérêt à vouloir descendre plus bas,

(1) M. COUPUT. — *Loc. cit.*

des labours profonds seraient plus onéreux, sans bénéfice appréciable ; ils auraient l'inconvénient de détruire beaucoup de radicelles qu'on ne saurait trop ménager, surtout en terrains secs. Il va sans dire que dans les terrains inaccessibles à la charrue ou garnis de roches à fleur de terre, les labours ne peuvent être exécutés qu'à la houe à main.

On profite habituellement de l'ameublissement produit par le labour d'hiver pour appliquer les fumures, dont l'enfouissement est ainsi facilité. Toutefois, les engrais à décomposition très rapide et surtout les produits solubles (comme le nitrate de soude) ne seront répandus qu'au printemps, avant ou après le second labour.

A la limite septentrionale de la culture de l'Olivier, où les hivers sont déjà rudes, où le thermomètre descend souvent à — 10° et parfois à — 15° et — 16°, les cultivateurs soigneux buttent fortement leurs arbres après l'exécution du labour d'hiver. Le pied se trouve ainsi abrité contre le froid et s'il arrive que l'arbre gèle, des rejets vigoureux repoussent du pied et permettent de le reconstituer assez rapidement. Ce buttage se fait nécessairement à la houe à main, mais la terre étant ameublie par un récent labour, l'exécution en est rapide et peu coûteuse.

Les oliviers ainsi buttés profitent moins bien des pluies de l'hiver que ceux autour desquels on creuse au contraire une cuvette. Rien n'empêcherait toutefois de combiner les deux choses, surtout dans les pentes, en disposant une cuvette immédiatement à côté de la butte, vers la partie haute du terrain. Lorsque les fortes gelées ne sont plus à craindre, on procède au débuttage.

Travaux de printemps et d'été. — Sous l'influence des pluies d'hiver et des vents plus ou moins desséchants, le sol s'est durci, en même temps que se sont développées les mauvaises herbes, dont la végétation est précoce dans la région de l'Olivier. Dès que l'état du terrain le permet, on donne un second labour, qui pourra être un peu plus superficiel que celui d'hiver. C'est essentiellement, en effet, un *labour de binage*, et dans les sols légers, la charrue sera avantageusement remplacée par une houe à cheval, à moins que les herbes adventives ne soient trop touffues ou trop fortement enracinées dans un sous-sol durci. De toutes façons, la destruction des mauvaises herbes et l'ameublissement de la couche superficielle permettront à l'Olivier de profiter seul des réserves d'eau du sol et des pluies de printemps, s'il s'en produit.

Dans de nombreuses régions, on se contente de deux labours — parfois même d'un seul — et on laisse ensuite le terrain se durcir et s'enherber jusqu'après la récolte. Il est à peine utile de dire que cette pratique est mauvaise et que, pour l'Olivier comme pour toutes les autres cultures, des binages d'été constituent un complément sinon indispensable, du moins très utile des façons d'hiver et de printemps. La destruction des mauvaises herbes, qui dessèchent profondément le terrain, ne peut s'obtenir que par des binages fréquents. On comprend que l'on hésite à les donner dans les sols rocheux et dans les terrains en pente trop accentuée, où le travail entièrement exécuté à la main est très coûteux ; mais ils devraient être de règle constante partout où la houe à cheval peut être utilisée ; son travail rapide ne représente jamais qu'une très faible dépense, qui sera toujours largement compensée par l'augmentation de la récolte. Deux binages peuvent être considérés comme suffisants, dans la plupart des cas, à peu près régulièrement espacés entre l'époque du labour de printemps et le moment de la récolte.

VII. — IRRIGATION DES OLIVETTES

L'Olivier est capable de résister, sans périr, aux plus longues sécheresses. Mais l'eau n'en est pas moins pour lui, comme pour tous les végétaux, un des facteurs essentiels de

la production, et lorsque les pluies sont trop rares au printemps et en été, les fleurs avortent en partie, les fruits formés
se sèchent et tombent avant maturité, sans compter que l'arbre
ainsi affaibli devient une proie facile pour certains de ses
parasites.

Les irrigations ne peuvent donc être que favorables à
l'Olivier, à condition de n'en pas abuser, et d'assurer, s'il
y a lieu, le drainage régulier du sol.

Les olivettes arrosées sont une exception en France, parce
que la plupart des terrains irrigables ont été consacrés,
depuis la crise phylloxérique, soit à la création de vignobles
à grands rendements, soit à l'établissement de prairies natu-
relles dont les profits sont habituellement supérieurs à ceux
que l'on peut attendre de l'Olivier. Elles étaient moins rares
autrefois. Dans son Cours d'agriculture (1843-1849) M. DE
GASPARIN indique l'irrigation comme pratique courante dans
les olivettes des Bouches-du-Rhône.

A une époque beaucoup plus rapprochée, en 1876, BARRAL,
rendant compte des concours d'irrigation en Vaucluse et dans
les Bouches-du-Rhône (1), en signale d'assez nombreux
exemples.

«En Vaucluse - écrit-il — une partie seulement des olivettes est soumise à l'arrosage; là où l'eau est employée, on
évite les arrosements trop fréquents, parce qu'ils amènent la
pourriture des souches. La coutume s'est généralisée de venir
au secours des arbres aux mois de juillet et d'août, par une
forte irrigation; dans quelques localités, on effectue, en outre, un arrosage au printemps pour donner, immédiatement
après, un bon labour».

On aurait quelque peine à retrouver aujourd'hui, en Vaucluse, les olivettes dont parle BARRAL; s'il en existe encore,
elles sont assurément bien rares.

_____

(1) A. BARRAL. — *Les irrigations dans le département de Vaucluse*; — *dans le
département des Bouches-du-Rhône*. Imprimerie Nationale, 1876 et 1877.

Dans les Bouches-du-Rhône, au contraire, l'arrosage des olivettes se pratique plus ou moins régulièrement sur des surfaces relativement importantes, dans la vallée des Baux et dans certaines communes du voisinage de la Crau : à Istres, Miramas, Grans, Salon, Eyguières, Mouriès, etc. On arrose de deux à quatre fois, au printemps, en juin, puis en août-septembre, suivant les besoins, et trop souvent suivant la quantité d'eau disponible dans les canaux ; car on ne donne de l'eau aux oliviers que quand il y en a de reste pour les prairies, ce qui est assez rare. Le procédé d'arrosage consiste dans des rigoles en pente allant d'un arbre à l'autre, avec une conque au pied des arbres. On compte qu'il faudrait en moyenne, pour des irrigations rationnelles, 1.000 mètres cubes d'eau par hectare.

Dans les années pluvieuses, les arrosages devraient être supprimés ou tout au moins conduits avec prudence.

On reproche aux arrosages, dans cette région, de favoriser parfois la végétation au détriment de la fructification. La raison en est, sans doute, que l'on ne fournit pas aux oliviers, en suffisante quantité, les principes fertilisants nécessaires à une haute production.

L'irrigation est plus fréquente en Algérie et en Tunisie, et elle s'étendrait bien davantage si l'eau ne faisait pas défaut dans la pluprat des territoires complantés en oliviers.

«Dans les oasis du Sud de la Tunisie (1), les oliviers sont arrosés, mais ils le sont trop, et comme ils poussent à l'ombre, manquant d'aération, ils donnent peu de fruits et ces fruits sont de qualité médiocre. Cependant, il existe quelques oasis composées uniquement d'oliviers : telles sont celles de Feriana, de Mareth. Dans ces oasis, l'eau est donnée régulièrement, en petite quantité, et le rendement est très élevé.

L'irrigation bien comprise peut doubler la récolte ; quand

---

(1) N. MINANGOIN — *Loc. cit.*

on ne dispose que d'une quantité d'eau restreinte, il faut arroser au moment de la fleur (avril-mai) et au moment où les fruits changent de couleur (août-septembre). Chaque arrosage exige de 400 à 500 mètres cubes à l'hectare, soit 1.000 mètres cubes par an.

On ne doit pas abuser de l'eau, surtout dans les terres argileuses; l'eau doit pouvoir s'écouler facilement, autrement les arbres se chlorosent, jaunissent et peuvent être atteints du pourridié».

A défaut de canaux ou de sources permettant des irrigations régulières, il serait souvent possible, en Tunisie — comme en beaucoup d'autres pays — de tirer parti des eaux qui ne coulent que lorsqu'il pleut ou par les gros orages.

«Quelques barrages en broussailles — écrit M. Couput, — de simples rigoles creusées à la charrue et nettoyées à la pelle, permettent d'amener presque sans dépense aux pieds des oliviers les eaux qui se perdent dans les fonds des ravins. J'ai pu ainsi quadrupler le rendement de 15 hectares d'oliviers en détournant presque sans frais les eaux d'un oued qui ne coule que chaque fois qu'il pleut abondamment dans la montagne, mais qui me permet, malgré tout, de mouiller profondément ces arbres deux ou trois fois dans l'année. Deux canaux amènent ces eaux sur deux plateaux situés à 7 ou 8 mètres l'un au-dessus de l'autre. Quant au thalweg du ravin qui est encaissé entre deux berges et dont la largeur varie de 50 à 150 mètres, il s'arrose actuellement tout seul par une série de barrages en arête de poisson qui rejettent les eaux à droite et à gauche jusqu'auprès des berges qui en forment les limites. Ces eaux reviennent dans la partie la plus creuse où elles sont arrêtées par le barrage suivant et rejetées de nouveau sur les bords. Ces barrages sont à une distance de 20 à 40 mètres l'un de l'autre et ils ont fait disparaître complètement l'ancien ravin dont la profondeur variait de 1 m. 50 à 2 mètres et qui drainait toutes les eaux du thalweg, au lieu de lui apporter comme à présent des terres, de l'humus et de l'eau.

»Sur les coteaux à pentes rapides, on peut, en employant chaque année les produits de la taille ou les pierres épandues dans le champ, faire une sorte de barrage en V qui retient au pied de chaque arbre les eaux pluviales et les terres qu'elles entraînent. On peut, en combinant ce procédé, avec les labours dont j'ai parlé pour les mêmes terres, ramener par échelon d'arbre en arbre et faire pénétrer dans le sol les eaux qui ravinaient tout, entraînaient les meilleures terres et allaient se perdre dans les déclivités qu'elles approfondissaient à chaque orage. On protège ainsi sa propriété contre des érosions qui en enlèvent peu à peu les meilleures terres, et chaque litre d'eau recueilli augmente sensiblment le rendement de la récolte. Non seulement le nombre des fruits est plus grand, mais leur rendement en huile est de beaucoup supérieur, car le noyau qui se forme avant la pulpe absorbe d'abord toute la sève, il atteint toute sa grosseur à la fin du printemps, et c'est pendant l'été et l'automne que la pulpe et l'huile sont produites chaque fois que l'humidlté du sol permet à l'arbre de végéter.

»Un dernier procédé à recommander pour retenir les eaux sur les coteaux, c'est celui qu'a préconisé M. Chatelain, de Philippeville. Il conseille de creuser une série de fossés horizontaux dans lesquels s'emmagasinent les eaux pluviales, qui pénètrent ensuite profondément dans le sol. Il faudrait faire ces fossés en amont de chaque arbre et y amener par des rigoles les eaux des terres environnantes. Ce serait en somme une cuvette plus profonde et plus longue que celle dont nous avons parlé» (1).

L'Algérie compte aussi des olivettes soumises à l'irrigation, notamment dans le département d'Oran à Saint-Denis-du-Sig et à Relizane.

«Ces plantations — écrit M. le Dr Trabut — sont en pleine prospérité et s'étendent autant que la multiplication des oliviers le permet. Les plantations sont faites de préférence en terre légère à raison de 100 arbres par hectare.

»On donne en temps ordinaire au moins cinq irrigations, l'eau est amenée dans de larges cuvettes au pied des arbres. Quand les hivers sont pluvieux on donne deux irrigations en hiver et quatre en été. Chaque irrigation est suivie d'un binage» (2).

---

(1) M. Couput. — *Loc. cit.*
(2) Dr Trabut. — *Loc. cit.*

En Espagne, beaucoup d'olivettes sont arrosées, dans les régions où l'on dispose de quantités d'eau suffisantes, et quand l'inclinaison des terrains le permet. Dans les grandes *huertas* de Lorca, d'Alicante, d'Elche, d'Almansa, etc., on donne jusqu'à cinq arrosages par an, en octobre, décembre, février, avril et juin. Dans les cultures plus septentrionales, le nombre des arrosages se réduit à deux, en recourant aux réserves d'eau hivernales. La statistique indique que sur 810.000 hectares de terres arrosables, 50.000 hectares environ sont complantés en oliviers.

En Italie, les olivettes soumises à l'irrigation sont plus rares, on en rencontre néanmoins un certain nombre en Calabre et dans la Rivière de Gênes, où l'on utilise les eaux fertilisantes des moulins à huile et des industries annexes.

L'utilité des irrigations a encore été mise en évidence en Californie (1), où la culture de l'olivier est de date récente, et où, partant de cette idée trop répandue que l'olivier peut se passer d'eau, on a planté des territoires où les pluies sont très rares et peu abondantes ; les résultats ont été déplorables, les olivettes sont restées improductives et les arbres y dépérissent rapidement. Sous ces mêmes climats, les oliviers arrosés sont magnifiques et leur production ne laisse rien à désirer.

«Le manque d'eau est aussi nuisible que l'excès d'eau, constate fort justement l'auteur du rapport, c'est une règle également vraie pour tous les arbres».

Le même auteur signale une intéressante application des *irrigations d'hiver*, que l'on pourrait sans nul doute imiter sur bien des points du bassin méditerranéen :

«Dans les localités où il est difficile de se procurer de l'eau pendant l'été, on a obtenu d'excellents résultats, sur terres bien drainées, avec des irrigations d'hiver. Dès que l'on dis-

---

(1) A. P. HAGNE. — Report on the condition of Olive culture in California (mai 1900).

pose d'eau en suffisante quantité, la terre est inondée et on lui fait absorber autant d'eau qu'elle peut en retenir...».

Des photographies jointes au mémoire de M. Hagne permettent de constater *de visu* qu'il n'exagère rien des effets merveilleux produits par ces arrosages d'hiver.

Les hautes productions que permettent d'obtenir les irrigations régulières nécessitent l'apport d'engrais en quantité correspondante. L'eau ne saurait suppléer longtemps aux principes fertilisants, et l'observation de toutes les cultures montre clairement qu'un abondant arrosage doit être «appuyé» par une copieuse fumure, si l'on ne veut s'exposer à voir les rendements décroître rapidement.

VIII. — FUMURE DES OLIVIERS

On ne peut obtenir d'abondantes récoltes qu'à la condition de leur fournir les aliments dont elles ont besoin, et l'Olivier ne fait pas exception à cette règle.

Assurément il y a des oliviers qu'on ne fume jamais, qui cependant persistent à vivre et à donner, plus ou moins régulièrement, des produits appréciables ; et en l'absence de toute comparaison, leurs possesseurs peuvent penser qu'ils font une sage économie en consacrant tous les fumiers dont ils disposent soit à la vigne, soit à des cultures annuelles, pour lesquelles l'absence de fumure se fait plus apparemment sentir. Mais la moindre expérience comparative, partout où elle a été faite avec soin, a clairement montré que l'Olivier payait, tout aussi bien que les cultures annuelles, les dépenses d'engrais qu'on lui consacre. Le bénéfice en argent, il est vrai, n'apparaît pas toujours dès la première année, parce qu'un arbre épuisé par un long jeûne a besoin de reconstituer ses réserves et utilise d'abord à la production de bois nouveaux et vigoureux les matières fertilisantes qu'il absorbe, mais la régénération de l'arbre ne tarde pas à se traduire par une augmentation de la récolte et dès la seconde année on est assuré de le voir payer largement la fumure qu'on lui a donnée, surtout si les autres soins de culture et de taille n'ont pas été négligés.

Exigences de l'Olivier en principes fertilisants. —

Les travaux analytiques relatifs à l'Olivier sont peu nombreux.

DE GASPARIN, dans son Cours d'agriculture, n'a fait qu'effleurer le sujet, et la première étude importante est celle de A. AUDOYNAUD, alors professeur à l'Ecole nationale d'agriculture de Montpellier, qui, dans un mémoire sur «L'Olivier dans les Alpes-Maritimes» (1), a donné des indications précises sur les exigences de l'Olivier en principes fertilisants.

Sans noter ici toutes les analyses d'AUDOYNAUD, que l'on retrouvera dans le travail original, voici les conclusions auxquelles elles conduisaient le savant auteur :

«*Consommation de l'olivier en azote, acide phosphorique et potasse.* — Un hectare de terrain en pente ou accidenté peut contenir 200 oliviers de grandeur moyenne; il en contient 125 seulement en plaine. Pour calculer le rendement on peut prendre 150 oliviers de belle venue.

»L'hectare donnant, année moyenne, 4,500 litres d'olives, un olivier en donnera 30 litres. C'est sur un olivier de ce produit annuel que nous allons établir nos calculs.

»Le poids du litre d'olives étant de 600 gr., notre olivier produit 18 kilogr. d'olives.

«Gasparin admet qu'un olivier perd annuellement en feuilles la moitié du poids de la récolte, soit 9 kilogr.

»Enfin, le bois perdu par accident ou par la taille peut être évalué au minimum à 8 kilogr.

»La composition minérale du bois doit se rapprocher beaucoup de celle fournie par les analyses indiquées plus haut. Quant aux feuil-

---

(1) A. AUDOYNAUD. — L'Olivier dans les Alpes-Maritimes, *in Annales agronomiques*, 1876.

les que nous avons analysées, comme elles tenaient encore aux
branches, elles sont certainement plus riches en acide phosphorique et en potasse que des feuilles tombées naturellement de l'arbre.
Si nous estimons la perte due aux feuilles d'après ces analyses, il y
aura donc une petite exagération ; mais, dans le résultat final de
nos calculs, cette exagération sera très atténuée.

»Notre olivier, donnant 30 litres d'olives annuellement, perdra
donc :

Consommation en principes fertilisants d'un Olivier
des Alpes-Maritimes

	Cendres totales	Acide phosphorique	Potasse	Azote (1)
Par les tiges....	0ᵏ125	0ᵏ005	0ᵏ018	0ᵏ050
Par les feuilles.	0.450	0.026	0.067	0.045
Par les fruits...	0.324	0.023	0.065	0.049
Totaux.	0.899	0.054	0.150	0.144

»Le même calcul appliqué à 150 oliviers contenus dans un hectare donnerait donc :

Consommation en principes fertilisants des 150 oliviers peuplant
un hectare dans les Alpes-Maritimes

Azote..........................	21ᵏ6
Potasse........................	22.5
Acide phosphorique.............	8.1

»On voit par cette discussion — ajoute M. Audoynaud — que
l'olivier présente à peu près la même consommation que la vigne en
principes fertilisants essentiels. Une partie de ses racines s'étale
près du sol, l'autre pénètre à une assez grande profondeur, quand le
sous-sol est perméable. L'olivier dispose donc d'un cube de terre
qui peut parfois être considérable. On s'explique alors comment
abandonné à lui-même, il trouve, dans les milieux qui l'entourent,
les conditions d'existence d'une très longue durée ; comment des
bois d'olivier peuvent exister depuis des milliers d'années ; com-

---

(1) Les dosages en azote sont empruntés à M. DE GASPARIN.

ment aussi par la culture, par une fumure raisonnée, on peut assurer la durée de cet arbre précieux et l'abondance de ses récoltes pendant de longues périodes de siècles».

En 1888, M. L. Paparelli, professeur de chimie agricole, a publié (1) une importante série d'analyses des produits de l'Olivier ; les échantillons provenaient du Latium (Italie).

Les résultats essentiels de ce travail se résument dans les extraits suivants :

«Avant de présenter les résultats analytiques de l'analyse des cendres, je vais donner la teneur en *eau* et *substance sèche* des divers échantillons, et puis le taux des *cendres* pour cent de matière première et pour cent de substance sèche :

Teneur en substance sèche

Déterminations faites	Bois		Feuilles	Fruits
	Grandes branches	Petites branches	—	—
Eau...........	14.50	18.75	42.40	52.60
Substance sèche.	85.50	81.25	57.60	47.40
	100.00	100.00	100.00	100.00

Teneur en cendres

	Bois		Feuilles	Fruits
	Grandes branches	Petites branches	—	—
Pour 100 de matière fraîche.	0.9405	0.9625	2.5056	1.4220
Pour 100 de matière sèche..	1.1000	1.1400	4.3500	3.0000

»Les cendres ainsi obtenues ont été analysées et ont donné les chiffres suivants :

(1) L. Paparelli. — Etude chimique sur l'Olivier, *in Progrès agricole et viticole,* 2 semestre 1888.

Composition des cendres du bois, des feuilles et des fruits de l'Olivier

	Sable	Acide carbonique	Potasse	Soude	Chaux	Magnésie	Peroxyde de fer	Acide phosphorique	Acide sulfurique	Acide silicique
Bois (grandes branches.	3.300	7.794	19.165	2.250	57.574	3.652	3.275	11.084	2.119	0.281
Bois (petites branches..	2.00	9.100	20.492	4.778	50.412	6.760	3.284	12.437	1.160	0.677
Feuilles.............	3.525	11.870	30.260	1.614	46.155	4.424	1.414	10.470	4.754	0.649
Fruits.............	1.600	8.493	60.744	2.225	16.282	3.770	0.096	8.334	1.104	5.670

»Par ces données — indique M. Paparelli — on voit clairement que l'olivier est un arbre très riche en potasse, et non moins riche en chaux et en acide phosphorique. Ces chiffres peuvent varier dans une certaine limite, eu égard à la variété d'olivier sur laquelle on opère, à la nature de la terre qui l'a nourri et à d'autres conditions spéciales de culture et de climat.

»Comme complément de ces analyses, on a aussi dosé l'*azote* dans le bois, les feuilles et les fruits. On en trouvera le résultat dans le tableau qui suit.

»D'après les observations que j'ai pu recueillir des différents points de l'Italie où l'on cultive l'olivier, il est résulté qu'un olivier de grande taille, bien entretenu sur un sol apte à son développement, fournit de 58 à 75 kilos de bois et feuilles à l'état sec. et de 7 à 12 kilos de fruits frais

»Si nous prenons les chiffres moyens de 50 kilos pour le bois, 20 kilos pour les feuilles et 10 kilos pour les olives, nous pourrons calculer, à l'aide des résultats de nos analyses, quelle est la quantité de matériaux que cette plante enlève par an à la terre qui la nourrit :

Prélèvement annuel d'un pied d'olivier en Italie

	Potasse	Azote	Acide phosphorique	Chaux	Soude	Magnésie	Oxyde de fer	Acide sulfurique	Acide silicique
Bois.........kil.	0.1110	0.5338	0.0675	0.3023	0.0196	0.0291	0.0483	0.0092	1.0027
Feuilles.......kil.	0.2633	0.3166	0.0911	0.4016	0.0141	0.0385	0.0424	0.0414	0.0037
Fruits........kil.	0.0854	0.0584	0.0118	0.0232	0.0032	0.0054	0.00014	0.00015	0.8062
Totaux.......	0.4597	0.9088	0.1704	0.7371	0.0369	0.0730	0.0308	0.0507	1.8126

»Par ces chiffres — conclut l'auteur — on peut calculer la quantité de principes fertilisants qui est prise tous les ans par les arbres cultivés dans un hectare de terre; mais comme le nombre des arbres varie d'une région à l'autre, nous nous sommes dispensé de faire d'autres calculs, parce qu'on n'aurait jamais eu des chiffres sûrs».

Il est intéressant cependant de faire ressortir les résultats obtenus par M. PAPARELLI, en les rapportant à un hectare de terre. Il doit s'agir, d'après les chiffres donnés pour la production du bois et des feuilles, d'oliviers de grande taille (1), et on se rapprochera sans doute de la vérité en comptant au maximum 100 pieds par hectare. Même ainsi, on obtient des prélèvements d'éléments fertilisants beaucoup plus élevés que ceux indiqués par AUDOYNAUD. Le tableau suivant fera ressortir ces différences :

Consommation de principes fertilisants par hectare

	Analyses Paparelli (100 pieds par hectare) kilos	Analyses Audoynaud (150 pieds par hectare) kilos
Azote	90.88	21.60
Acide phosphorique.	17.04	8.10
Potasse	45.97	22.50
Chaux	73.71	» »
Magnésie	7.30	» »

On déduira de ces divergences qu'il reste beaucoup d'analyses à faire pour pouvoir établir d'une façon précise les besoins de l'Olivier suivant les variétés cultivées et le nombre de pieds plantés par hectare.

Il conviendrait aussi de noter que toutes les feuilles qui tombent naturellement, ainsi qu'une bonne partie de celles

(1) On doit se demander même s'il n'y a pas eu erreur d'appréciation dans la quantité de bois produite par un olivier, même de forte taille.

provenant de la taille, restent sur le sol et diminuent d'autant la perte de celui-ci en principes fertilisants.

On a bien souvent fait remarquer aussi que si on restituait aux olivettes tous les produits secondaires de leur production : cendres des bois coupés, tourteaux d'olives et boues de ressence, la déperdition du sol en principes fertilisants serait à peu près nulle, car la seule matière exportée, l'huile, emprunte ses éléments constituants à l'atmosphère. Mais, dans la pratique, la plupart de ces sous-produits ne retournent pas aux olivettes d'où ils proviennent, et c'est à d'autres engrais qu'il faut avoir recours pour restaurer la fertilité des terres épuisées par les récoltes.

Engrais convenant à l'Olivier. — L'Olivier se nourrit, comme toutes les autres plantes, d'azote, d'acide phosphorique et de potasse comme éléments essentiels. Il ne saurait se passer non plus de chaux, de magnésie et de fer, cela ressort des analyses précitées, et dans les sols totalement dépourvus de ces derniers éléments, leur restitution s'imposerait également.

Mais si l'on s'en tient, comme d'habitude, aux trois éléments azote, acide phosphorique et potasse, on pourra se demander à quelles sources on devra les emprunter de préférence.

Fumiers. — C'est encore le fumier de ferme qui est le plus fréquemment employé, partout où il y en a ; les agriculteurs le tiennent généralement pour le meilleur de tous les engrais, et n'ont recours aux achats d'autres matières fertilisantes que lorsqu'ils n'en produisent pas en quantité suffisante.

Si l'on compare, cependant, la composition du fumier de ferme à celle des éléments fertilisants prélevés par l'Olivier, on observe que la proportion de potasse fournie par le fumier reste insuffisante, par rapport à l'azote et à l'acide phosphorique.

Le fumier dose, en effet, 5 pour 1.000 d'azote et seulement

3 pour 1.000 de potasse et d'acide phosphorique ; et d'après les analyses de A. AUDOYNAUD, la restitution en potasse devrait être aussi élevée que celle de l'azote.

Pour constituer une fumure normale de l'Olivier, ce fumier devrait donc être complété par l'addition d'un engrais potassique. On trouvera plus loin des formules proposées à cet effet.

Le fumier employé seul peut néanmoins rendre de très grands services, surtout dans les terrains richement pourvus de potasse. DE GASPARIN en cite dans ses Mémoires d'agriculture un exemple remarquable :

«D'après les expériences que nous avons faites, 1.600 jeunes oliviers, situés à Tarascon, produisaient en sept ans, sans être fumés, 310 kilos d'huile ; le même nombre de plants fumés donnaient 713 kilos ; différence 403 kilos d'huile. Cette olivette recevait tous les trois ans 12.787 kilos de fumier, dosant 51 kilos d'azote».

Le fumier de ferme est employé à des doses très variables, qui dépendent non seulement de la force des arbres et de la nature du terrain, mais trop souvent aussi de la quantité dont on dispose dans l'exploitation ; lorsqu'il y a d'autres cultures, l'Olivier est généralement le dernier servi.

Les chiffres indiqués par les praticiens varient entre 30 et 100 kilos par pied, pour deux ans. Si l'on compte 150 pieds par hectare, cela fait de 4.500 à 15.000 kilos pour deux ans.

La première dose est nettement insuffisante, même si l'on prend pour base des exigences de l'Olivier les chiffres donnés par AUDOYNAUD, — qui sont des minima, si on les compare à ceux de M. PAPARELLI — soit pour deux ans : 44 kilos d'azote, 46 kilos de potasse et 16 kilos d'acide phosphorique.

Si l'on calcule quelle est la quantité de fumier nécessaire pour y pourvoir, on trouve que : pour fournir 44 kilos d'azote, il faut 8,800 kilos de fumier de bonne qualité moyenne (à 5 pour 1.000 d'azote) ; pour fournir 46 kilos de potasse, il en faudrait, en chiffres ronds, deux fois plus, soit 17.600 kilos (au dosage de 3 pour 1.000 de potasse). C'est cette dernière dose qu'il conviendrait d'appliquer chaque deux ans, si l'on emploie le fumier seul. Mais on pourrait réduire la dose de fumier à 8.800 kilos, à condition de combler le déficit en potasse par un apport d'engrais chimique. C'est dans cette voie que s'engagent depuis quelques années les oléiculteurs soigneux. Quelques-uns préfèrent fumer tous les ans, en diminuant proportionnellement les doses; c'est une complication qui paraît inutile quand le fumier de ferme forme la base de la fumure, car son action est assez durable pour ne pas exiger des apports annuels.

A côté du fumier proprement dit, les crottins de moutons et autres engrais de bergerie sont fréquemment utilisés. Plus riches que le fumier, ils supportent plus aisément des frais de transport. Leur composition est variable, surtout en raison de la proportion d'eau qu'ils renferment et dont on tiendra compte dans l'appréciation de leur valeur marchande.

Eléments fertilisants contenus dans 1.000 kilos

	Eau	Azote	Acide phosphorique	Potasse
Crottins purs	240.00	13.30	9.20	9.00
Migou pailleux....	112.10	22.50	10.00	18.80
Migou pailleux....	490.00	13.40	5.40	12.90
Croûte pailleuse ..	530.00	12.70	4.90	11.00
Croûte...........	480.00	17.20	6.60	14.60

Ici, la proportion de potasse est relativement plus élevée que dans le fumier de ferme, et les engrais de bergerie pourraient mieux aller sans addition de sels potassiques, à l'exception toutefois des crottins purs.

On calculera aisément les quantités de ces produits équivalentes à la dose de fumier mixte indiquée plus haut.

Engrais à décomposition lente. — Sans doute parce que l'Olivier est d'une extrême longévité, on a souvent recommandé de lui appliquer des engrais à décomposition lente.

On dit notamment que les oléiculteurs de la Rivière de Gênes reçoivent régulièrement de pleins bateaux de rognures et débris de vieux cuirs qu'ils emploient à la fumure de leurs arbres. Si cela est exact, l'exemple n'est pas à imiter. La décomposition de ces matières est d'une extrême lenteur. Même sous la forme perfectionnée de cuir moulu ou de cuir torréfié, le vieux soulier et la vieille tige de botte donnent des résultats nettement inférieurs à ceux de toutes les autres matières fertilisantes.

C'est un capital enfoui dans le sol et qui ne donne de maigres rendement qu'à très longue échéance. L'usage de ces produits est nettement à déconseiller.

Engrais organiques divers. — Quelques-uns de ces engrais sont d'usage courant dans le Midi de la France, tels sont les *chiffons de laine*, les *cornailles*, le *sang desséché*, les *litières de vers à soie*, etc. Tous ces produits peuvent être avantageusement employés à la fumure de l'olivier, mais on devra se rappeler que, s'ils sont riches en azote, ils ne renferment rien autre chose.

Leur composition moyenne est la suivante :

	Richesse en azote		Richesse en azote
	Pour 100		Pour 100
Sang désseché..........	14 à 15	Chiffons de laine.	9 à 11
Râpures de cornes.......	13 à 14	Bourre de laine..	11 à 12
Litières de vers à soie....	3 à 4	Déchets de laine..	2 à 7
Chrysalides de vers à soie.	2 à 9	Tontisse de drap..	10 à 11
Marc de colle...........	3 à 4	Poudrette de laine.	2 à 3

A noter encore les vieux *scourtins* en crin ou en laine qui dosent jusqu'à 12 o/o d'azote ; mais qu'il importe de ne pas confondre avec les scourtins d'aloès, dont la valeur fertilisante est à peu près nulle (0,8 o/o d'azote à peine).

Tous ces engrais azotés devront être complétés par l'apport

d'acide phosphorique et de potasse sous une forme quelconque.

Les *tourteaux* entrent aussi pour une large part dans la culture méridionale, ce sont de bons engrais, à décomposition assez rapide et que l'industrie marseillaise fournit en quantité pratiquement illimitée.

Les plus employés ont la composition moyenne suivante :

	Azote Pour 100	Acide phosphorique Pour 100	Potasse Pour 100
Tourteaux de sésame sulfurés ...	6.50	3 »	1.50
Tourteaux de colza exotique.....	5.40	1.90	1.25
Tourteau de coton brut.........	3.90	1.25	1.65
Tourteau de ricin brut...	3.65	1.60	1.10

Ces tourteaux valent surtout par leur azote ; leur teneur en potasse et même en acide phosphorique est insuffisante, et ils ne sauraient non plus constituer une fumure complète ; on leur adjoindra toujours des engrais phosphatés et potassiques.

Résidus de l'extraction de l'huile. — Les marcs ou grignons d'olives, les pulpes et boues de ressence offrent aussi une valeur fertilisante appréciable. Les grignons, utilisés souvent comme combustible (dans les moulins), trouveraient un emploi plus avantageux comme engrais. La composition moyenne de ces divers produits est la suivante :

	Azote Pour 100	Acide phosphorique Pour 100	Potasse Pour 100
Grignons d'olive............	0.75 à 1.15	0.20	0.45 à 0.85
Pulpes de ressence sulfurées..	1.65	0.12	»
Boues de ressence séchée à l'air.	2 » à 2.50	0.03	»

Ces engrais ne renferment, en quantité appréciable, que de l'azote et doivent être complétés par des apports d'acide phosphorique et de potasse.

Engrais végétaux ; — Engrais verts. — Ces matières peuvent fournir, dans bien des cas, un appoint important à la fumure des olivettes.

Le *buis* abonde dans certaines garrigues, c'est un engrais riche, puisqu'à l'état frais (avec 50 o/o d'eau) il dose 5 millièmes d'azote et 4 millièmes de potasse, c'est-à-dire la même richesse que le fumier de ferme. Les algues de la Méditerranée, séchées à l'air (avec 10 o/o d'eau), dosent aussi 5 millièmes d'azote, mais seulement 2 millièmes de potasse.

Les genêts, fougères, bruyères, joncs, roseaux, etc., sont toutes des plantes riches en azote, et seront utilisées avec profit quand on pourra se les procurer à bon compte.

Les engrais végétaux valent surtout par leur azote, et devront être complétés par un apport d'acide phosphorique et de potasse.

Partout où l'Olivier occupe seul le terrain, — sauf dans les rochers — il est avantageux de semer, comme culture intercalaire, des *engrais verts* à enfouir.

Ces engrais végétaux sont d'usage immémorial pour la fumure des arbres fruitiers dans certaines contrées du bassin méditerranéen où le bétail est rare, le fumier peu abondant et les transports onéreux. On peut tout aussi utilement les appliquer aux olivettes.

Les meilleurs engrais verts sont fournis par les plantes de la famille des Légumineuses, capables de s'assimiler l'azote atmosphérique, et de remplacer, par conséquent, les engrais azotés. On choisira de préférence des plantes végétant rapidement au printemps et pouvant être enfouies avant les périodes de longues sécheresses. Pour les terrains argileux et argilo-calcaires : vesce d'hiver, féverole ; — pour les terrains très calcaires : fenugrec, jarosse ; — pour les terrains calcaires légers : trèfle incarnat ; — pour les terrains siliceux : lupin.

L'enrichissement en azote procuré par les légumineuses enfouies est considérable. Si on table sur une récolte pouvant

produire 3.000 kilos de fourrage sec à l'hectare, c'est en chiffres approchés, 60 kilos d'azote que l'on emprunte à l'atmosphère, soit l'équivalent (pour l'azote seulement, bien entendu)
de 12.000 kilos de fumier.

On sait que les engrais verts nitrifient très bien, et que leur
action est aussi rapide que celle du fumier de ferme.

Engrais chimiques. — L'emploi des engrais chimiques à
la culture de l'Olivier est de date assez récente. Sauf erreur, les
premiers essais en ont été faits en 1886-1887 par MM. Féraud
et Gos dans les Alpes-Maritimes (1). Les formules appliquées
par ces deux agronomes étaient les suivantes :

Formules de fumures pour un hectare (150 beaux pieds d'olivier)

Nº 1 Applicable à une terre pauvre en azote	Sulfate d'ammoniaque...............	150 kil.
	Superphosphate de chaux à 16°........	200
	Tourteaux de sésame trituré 6 à 7 o/o	
	d'azote........................	400
	Cendres non lessivées..............	200
	Poids total du mélange.... soit 6 à 7 k. par arbre...	950 kil.
Nº 2 Applicable à une terre pauvre en potasse	Nitrate de potasse à 95°.............	150 kil.
	Phosphate minéral en poudre d'os.....	200
	Tourteaux de sésame trituré..........	300
	Plâtre pulvérisé, cru................	200
	Poids total du mélange ... soit 5 1/2 à 6 k. par arbre.	850 kil.
Nº 3 Applicable à une terre pauvre en acide phosphorique	Superphosphate de chaux à 16°	400 kil.
	Chlorure de potassium..............	100
	Tourteaux de sésame trituré	300
	Suie de cheminée...................	200
	Poids total du mélange.... soit 6 1/2 à 7 k. par arbre.	1000 kil.

(1) Dr Féraud et F. Gos. — *Loc. cit.*

Malheureusement, ces expériences n'ont pas été assez suivies pour permettre d'en tirer des conclusions définitives.

Depuis lors, l'usage des engrais chimiques s'est quelque peu répandu dans les régions oléicoles, usage bien timide encore, et en 1904, un habile agriculteur des Bouches-du-Rhône, M. ALFRED JAUFFRET, indiquait la formule suivante, adoptée à la suite de divers essais, et qu'il appliquait avec succès depuis déjà quelques années :

Nitrate de soude.....................	50 o/o
Sulfate de potasse...................	15 —
Superphosphate riche...............	35 —
	100 o/o

Ce mélange est employé à la dose de 2 à 3 kilos par pied, ce qui donne pour un hectare de 150 arbres : de 22 à 33 kilos d'azote ; de 22 à 33 kilos de potasse et de 20 à 30 kilos d'acide phosphorique.

En Italie, on commence aussi à employer les engrais chimiques, et M. le Dr ERCOLE CASINI (1), professeur d'agriculture à Legnano, propose la formule suivante comme donnant des résultats avantageux :

A appliquer en automne	Superphosphate (en sol calcaire).	400 à 500 k.
	ou Scories (en sol non calcaire)....	600 à 800 —
	Sulfate de potasse.............	200 à 300 —
	Sulfate d'ammoniaque..........	100 à 150 —
Au printemps.	Nitrate de soude...............	100 à 150 —

Le même auteur rend compte de l'expérience comparative suivante :

_____

(1) Dr ERCOLE CASINI, — L'Olivo, 190;.

	Fumure par arbre	Produit de 4 arbres
(1)	Sans engrais..	16 kil. 65
(2)	Superphosphate 16/18 2 kilos......... / Nitrate de soude 1 kilo..............	23 kil. 31
(3)	Superphosphate 2 kilos............. / Nitrate de soude 1 kilo....... ...... / Sulfate de potasse 1 kilo........	33 kil. 63

Voici encore une autre expérience du même genre ; elle a été faite en 1905 par M. MEIFFREN, propriétaire à Montfort-sur-Argens (Var) :

	Fumure pour 10 arbres	Rendement de 10 arbres
(1)	Sans engrais......................	5 doubles déc.
(2)	Superphosphate 50 kilos............	8 —
(3)	Superphosphate 50 kilos............. / Sulfate de potasse 10 kilos..........	11 —

Ces deux derniers essais font nettement ressortir l'importance de la potasse dans la fumure de l'Olivier, ce que l'on pouvait prévoir d'après les analyses de MM. AUDOYNAUD et PAPARELLI.

Fumures mixtes. — Comme pour toutes les autres cultures, on trouvera souvent avantage à combiner l'emploi du fumier ou des engrais verts avec des produits complémentaires, sels de potasse et phosphates. Cette association sera d'autant mieux indiquée qu'il s'agira souvent de terrains plus ou moins épuisés par une inculture relative et souvent aussi de sols assez pauvres soit en acide phosphorique, soit en potasse dans lesquels l'apport du principe fertilisant qui fait défaut constitue une amélioration de tout premier ordre.

Fumier et engrais chimiques. — Un concours pour la bonne tenue des oliveraies, institué dans le département de Vaucluse (1), en 1904, a mis en lumière d'assez nombreux exemples de ces associations d'engrais. L'un des plus typiques est celui de M. Traverse, propriétaire à Villes, qui pratique la taille bisannuelle et applique la fumure suivante :

Année de la taille..... 10.000 kil. de fumier par hectare

Année de la récolte... { 400 kil. superph. 13/15 —
{ 120 kil. sulfat. de potas. —

Les rendements obtenus sont rémunérateurs.

Engrais verts et engrais chimiques. — Employés seuls, les engrais verts seraient *incomplets*, car s'ils fournissent de l'azote emprunté à l'atmosphère, c'est du sol lui-même qu'ils tirent l'acide phosphorique et la potasse nécessaire à leur végétation. Leur usage exclusif et continu serait donc insuffisant pour maintenir les terres en bon état de fertilité. Au contraire, en leur associant dans une mesure convenable des principes phosphatés et potassiques, on constitue une fumure complète, et dont l'action est d'autant plus avantageuse qu'avant d'être absorbés par l'Olivier, l'acide phosphorique et la potasse contribuent d'abord à accroître considérablement le rendement des légumineuses qui servent d'engrais verts.

M. Maurice Dumarest, propriétaire en Italie, en relate un exemple concluant (2) :

«Dans l'Ombrie, où existent de nombreuses et magnifiques plantations d'oliviers séculaires, on emploie de temps immémorial pour leur fumure l'engrais de mouton, à raison de 15 à 20 kilos par arbre chaque 2 ans ; coût 0 fr. 25 ; production de 1 litre et demi d'huile année moyenne. Tel résultat me semblant de facile amélioration, j'ai pensé à modifier le vieux système en usage, et actuellement,

(1) Ed. Zacharewicz. — Rapport sur le concours de bonne tenue des oliveraies de l'arrondissement de Carpentras.
(2) M. Dumarest.— La fumure des Oliviers par les engrais verts, *In Progrès agricole et viticole*, mars 1905.

partout où je peux le faire, je substitue à l'engrais de mouton les engrais verts de légumineuses, spécialement féveroles, semées à l'automne avec addition de superphosphate et de cendres de res-sences, et enfouies au printemps. Mon terrain est très calcaire pier-reux et sec.

»J'applique en moyenne 3 quintaux de superphosphate et 2 quin-taux de cendres par hectare de 200 oliviers, soit une dépense d'une trentaine de francs; 70 fr. environ avec les féveroles et la main-d'œuvre, *tout compris*; c'est-à-dire une fumure économique, eu égard à sa grande richesse en azote

»Mes essais ne sont pas encore en quantité suffisante ni d'assez an-cienne date pour me permettre de donner des chiffres précis; mais je puis néanmoins affirmer, dès à présent, que les oliviers ainsi traités — près de 2.000 — sont de beaucoup supérieurs aux autres, plus vigoureux, chargés de fruits plus abondants, et qu'ils semblent promettre une récolte chaque année au lieu de la récolte ordinaire bisannuelle.

»En somme, les engrais, verts, plus ou moins additionnés, suivant les cas de potasse et d'acide phosphorique, me paraissent de nature à donner satisfaction pour l'Olivier».

On ne saurait faire un meilleur emploi des engrais chimi-ques ; les engrais phosphatés et potassiques assurent une abondante production de légumineuses, qui empruntent leur azote à l'atmosphère et permettent de réaliser ainsi une éco-nomie très appréciable.

Les trois principes fertilisants, azote, acide phosphorique et potasse contenus dans l'engrais vert se retrouvent à la dis-position de l'Olivier après l'enfouissement. A défaut de cen-dres qu'emploie M. DUMAREST, on appliquerait du sulfate ou du chlorure de potassium.

Époque et mode d'application des fumures. — C'est à la fin de l'automne ou au commencement de l'hiver, aussitôt la récolte rentrée, qu'il convient d'appliquer les engrais, à l'exception toutefois du nitrate de soude, qui ne doit être répandu qu'au printemps.

On ouvre une tranchée circulaire de 50 à 60 centim. de

largeur, non pas au pied de la souche, mais à l'aplomb de la frondaison de l'arbre et même partiellement en dehors.

C'est de là que l'engrais parviendra le plus facilement aux radicelles, non seulement parce qu'elles sont nombreuses dans cette région du sol, mais parce que la pluie y tombe beaucoup plus abondante que sous le couvert de l'arbre. Cette tranchée sera peu profonde, 15 à 20 centimètres au plus, de façon à éviter de couper les racines superficielles.

Il serait plus économique, et peut-être pourrait-on se contenter, au moins pour les engrais de faible volume (tourteaux, crottins, engrais chimiques), d'en faire l'épandage en surface, tout autour des arbres, et de les enfouir par le labour d'hiver. Quand on sème des plantes intercalaires, on ne procède pas d'autre façon, et les racines des oliviers savent bien aller chercher leur nourriture là où elle se trouve. Néanmoins, cet épandange devra être fait dans la région où abondent les racines, comme lorsque l'on fait une tranchée.

Dans tous les cas, l'engrais sera recouvert le plus tôt possible, pour éviter toute déperdition de principes fertilisants.

Si l'on emploie du nitrate de soude, on le répandra en surface, dans les mêmes conditions que ci-dessus, et on l'enterrera par le labour de printemps.

Les engrais verts seront enfouis dès qu'ils auront atteint un développement suffisant, mais avant l'époque des sécheresses habituelles ; il vaut mieux perdre un peu sur leur quantité que de les laisser dessécher trop profondément le sol. On les enfouira par un simple labour, si leur végétation n'est pas trop exubérante pour empêcher le passage de la charrue ; dans le cas contraire, on les fauchera pour faciliter l'opération.

IX. — **RÉCOLTE DES OLIVES**

La récolte des olives s'effectue de différentes manières suivant les régions, les dimensions des arbres et aussi suivant
la destination du fruit.

Lorsque l'on cultive des olives de table, qui seront conservées à l'état vert, la cueillette à la main s'impose et ne saurait être remplacée par aucun autre procédé. A l'époque où
se fait cette récolte particulière, bien avant la maturité, les
olives adhèrent fortement aux rameaux et il serait impossible
de les *gauler* sans en meurtrir un grand nombre, ce qui ren-
drait leur conservation très précaire sinon impossible, et en
réduirait considérablement la valeur marchande. Lorsque les
oliviers sont de petite taille (Verdale), on peut atteindre sans
quitter le sol une bonne partie des fruits ; pour les branches
hautes et pour les oliviers de plus grandes dimensions, la
cueillette s'effectue à l'aide d'échelles doubles spéciales (ca-
raçons, escaraçons en Languedoc et en Provence) et d'échelles légères simples ; et aussi en grimpant à l'intérieur de
l'arbre pour atteindre les branches situées au centre du gobelet. Les fruits sont reçus soit dans un tablier formant poche,
soit sur des toiles étendues au pied des arbres.

La récolte des olives à confire a lieu en *août-septembre*,
suivant les régions, dès qu'elles ont atteint un développement
normal et avant qu'elles ne commencent à changer de couleur. Lorsque les olives sont teintées, même légèrement, leur
conservation dans la saumure est moins assurée et elles trouvent difficilement acheteurs sur les marchés. Il vaut donc
mieux, si la saison n'a pas été favorable, si la sécheresse
notamment a retardé l'évolution des fruits, ramasser des
olives encore un peu petites que d'attendre un grossissement
tardif qui coïnciderait souvent avec l'apparition d'une teinte
bleuâtre ou noirâtre, indice de l'approche de la maturité.

Pour les olives destinées à fournir de l'huile, la cueillette à la main est aussi incontestablement le meilleur procédé de récolte : son seul défaut est d'être en même temps le plus onéreux. Il est à peu près exclusivement employé dans les pays (Bouches-du-Rhône, partie du Gard, etc.) où l'on ramasse les olives avant maturité complète, pour en obtenir des huiles vertes et très *fruitées*, fort appréciées par un grand nombre de consommateurs méridionaux : le rendement est un peu réduit par cette cueillette prématurée, mais il est compensé par les prix de faveur qu'obtiennent les huiles fruitées, quand elles sont bien préparées, auprès d'un public connaisseur. Dans ces régions, au reste, l'olivier est tenu assez bas, et se prête bien à ce mode de récolte. La cueillette, dont l'époque peut être avancée ou retardée par la saison, commence habituellement en novembre, bat son plein en décembre et se prolonge jusqu'au 15 janvier, parfois même un peu plus pour les variétés tardives.

Lorsqu'il s'agit d'arbres de grande taille comme dans les Alpes-Maritimes et dans la majeure partie de l'Algérie et de la Tunisie, la cueillette devient bien difficile et le gaulage, malgré ses inconvénients, reste le procédé généralement usité. Ce gaulage ne s'effectue, dans la région de Nice, que tout à fait à l'arrière-saison, en février-mars et jusqu'en avril, alors que tous les fruits sont déjà partiellement séchés. L'avantage d'opérer aussi tard, c'est que les olives se détachent plus facilement, ce qui rend l'opération plus rapide et plus aisée, et permet aussi de frapper moins fort sur le branchage. Mais cette méthode n'est pas aussi simple qu'il apparaîtrait au premier abord : il a fallu déjà, à plusieurs reprises, ramasser les olives tombées naturellement et qu'on ne peut laisser longtemps sur le sol, exposées aux intempéries et vouées aux attaques des insectes et aux atteintes de la pourriture ; tout cela demande assez de temps et l'on devrait s'efforcer de simplifier ce travail compliqué en rame-

nant les arbres à des proportions plus réduites, permettant
la cueillette, partout où cela n'est pas vraiment impossible.

Le gaulage, dans tous les cas, doit être fait avec précaution à l'aide de baguettes ou de bâtons flexibles, et en frappant les rameaux dans le sens de leur longueur, de façon à
ne détruire que le moins possible de brindilles fructifères.

Les olives récoltées tardivement donnent des huiles jaunes,
neutres de goût, mieux acceptées dans les pays du Nord que
les huiles fruitées. Mais il n'y a aucun intérêt, en dépit d'un
préjugé encore ancré dans certaines parties de la Provence,
à laisser passer la maturité avant de procéder à la récolte.
Loin de s'enrichir en huile, les olives s'appauvrissent au
contraire, ainsi qu'en témoignent les analyses faites à ce
sujet : si elles rendent davantage d'huile pour un même
poids de fruits, c'est qu'elles se sont plus ou moins desséchées et ont perdu une part souvent élevée de leur eau de
végétation ; leur prétendu enrichissement n'est qu'une trompeuse apparence.

Les récoltes très tardives ont encore l'inconvénient de faciliter la perpétuation du Dacus, et ce n'est pas là leur moindre
défaut. Enfin, les olives tombées sur le sol et qu'il faut conserver plus ou moins longtemps, jusqu'au moment où l'on en a
assez pour faire une pressée, s'altèrent souvent et commu-
niquent à l'huile des saveurs anormales que l'on confond
trop volontiers, parfois, avec le vrai goût de fruit.

Le meilleur moyen de faire de bonne huile neutre consiste
à récolter les olives au point précis de leur parfaite maturité,
et à les porter immédiatement au moulin. L'extraction de
l'huile est, à ce moment, un peu moins aisée peut-être qu'après
une «mise en tas» prolongée, mais la qualité en est certainement supérieure. C'est de ces conditions qu'il convient de se
rapprocher le plus possible, si l'on veut maintenir aux huiles
d'olive leur bonne réputation et leur conserver la place d'hon-
neur qu'elles occupent de temps immémorial dans la consommation de l'Europe méridionale.

Rendement de l'olivier. — Rien n'est plus variable que le rendement d'un hectare d'oliviers, tellement sont différentes les conditions de la culture, d'une région et d'un terrain à l'autre.

La *statistique officielle* estime à 125.400 hectares la surface plantée en oliviers en France, et à 2.150.000 hectolitres d'olives leur production globale : ce qui donne 17 hectolitres d'olives par hectare. Ces chiffres sont faibles, comme tous ceux de notre statistique, qui confond forcément les terrains à peu improductifs avec les olivettes bien cultivées.

Dans les Alpes-Maritimes, avec la taille bisannuelle, on compte qu'un Olivier en plein rapport et bien soigné peut produire 5 doubles décalitres tous les deux ans, ce qui, à raison de 150 pieds, donne 150 hectolitres d'olives à l'hectare (soit 75 hectolitres d'olives par hectare et par an). Dans les meilleures plantations du Var, on a enregistré des productions de 90 hectolitres à l'hectare. Mais ces chiffres sont des maxima, et, exception faite pour les surfaces arrosées, la production moyenne des bonnes olivettes du littoral français ne dépasse pas de 35 à 50 hectolitres d'olives annuellement.

Les olives de table rendent très sensiblement moins, mais l'infériorité de leur production est compensée par les prix plus élevés qu'elles obtiennent sur les marchés.

MALADIES ET INSECTES NUISIBLES

I. — ACCIDENTS CAUSÉS PAR LES INTEMPÉRIES

Si robuste qu'on le connaisse et bien qu'il reste exclusivement cantonné dans la Région à laquelle on a justement donné son nom, l'Olivier n'en est pas moins exposé à souffrir accidentellement des intempéries qui n'épargnent aucune de nos cultures.

Gelées. — L'Olivier est sensible aux froids rigoureux, surtout lorsqu'ils coïncident avec des temps humides, et dans les parties septentrionales de son aire de culture, en Italie, en Espagne et en France tout spécialement, les grands hivers lui sont néfastes; ceux de 1709, de 1789, de 1819 ont fait de grands vides dans les plantations.

Il n'est d'ailleurs pas nécessaire de remonter aussi loin pour constater des accidents de ce genre : pendant l'hiver de 1890-91, beaucoup d'oliviers ont gelé dans le Gard, Vaucluse, Basses-Alpes, par des froids de —15 à —16 degrés; généralement, la souche avait résisté, mais il a fallu receper les arbres au pied.

Lorsque le temps est sec, le thermomètre peut descendre à
— 10 degrés sans qu'il en résulte aucun dommage ; lorsqu'au contraire le temps est humide et plus encore si les
froids surviennent prématurément, alors que la végétation
n'est pas bien arrêtée, l'arbre se défend mal, et déjà à partir
de — 5 degrés il peut subir quelque préjudice. La limite
fatale, au-dessous de laquelle il y a toujours mortalité d'une
partie ou de la totalité des branches, paraît être autour de
—12 degrés.

Il n'y a qu'une chose à faire en pareil cas : rabattre l'arbre
immédiatement sur les parties restées saines ; parfois on peut
sauver les étages inférieurs de la charpente ; sinon, il faut
receper au pied. La souche produit des rejets vigoureux, on
en conserve souvent deux, quelquefois trois, pour gagner du
temps ; s'ils sont *sauvages* ou de mauvaise variété, on les
greffe à un ou deux ans. On peut aussi greffer directement
sur la souche (voir page 117).

La floraison étant tardive, l'Olivier n'est pas exposé à
souffrir des *gelées de printemps*.

Coulure des fleurs. — Cette coulure peut être provoquée
par une trop longue période de sécheresse : l'arbre, manquant
de sève, paraît s'être épuisé dans une floraison généralement
abondante, et les fleurs tombent sans que le fruit se soit noué.
Il n'y a aucun remède, en dehors des surfaces arrosables qui
sont l'exception.

Des pluies froides, surtout si elles se prolongent, des brouillards persistants ont souvent le même fâcheux effet. Dans ce
cas, le soufrage des oliviers pourrait rendre de bons services,
d'après les observations faites en Italie par M. Mancini (1).
Le moment propice serait l'époque qui précède immédiatement l'éclosion de la fleur. Il faudrait alors envelopper l'arbre

---

(1) Mancini. — *In Coltivatore*, 1906.

dans un nuage de soufre ; d'après l'auteur précité, l'action exercée sur la fructification serait infaillible.

Les attaques de la *Psylle* amènent aussi parfois une coulure localisée sur les parties atteintes par cet insecte ; on y reviendra un peu plus loin.

II. — MALADIES PARASITAIRES

Pourridié. — Les agriculteurs connaissent tous cette maladie très ancienne, très répandue, qui attaque les vignes et la plupart des arbres fruitiers, et la désignent sous des noms variés : *Pourridié, Blanc des racines, Argent vif, Champignon blanc*, etc.

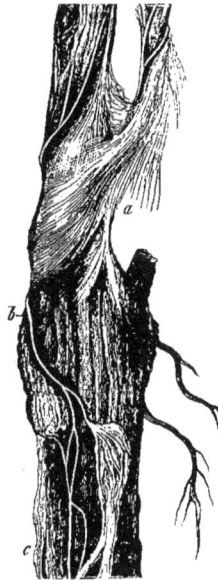

L'Olivier n'en est pas exempt, mais il en est fort rarement atteint, les terrains où on le cultive habituellement ne réunissant pas les conditions favorables à l'évolution du champignon parasite. Le pourridié ne se développe rapidement, en effet, que dans les sols humides, dans les terres argileuses ou argilo-calcaires à sous-sol imperméable, où l'eau est stagnante une partie de l'année. Dans les terres de coteaux s'égouttant facilement, dans les sols légers ou bien drainés, cette maladie est à peu près inconnue, et si on l'y rencontre accidentellement, elle n'y revêt jamais un caractère inquiétant.

a. Mycélium floconneux du Dematophora ; — *b.* Cordons rhizoïdes.

Autrefois, lorsque l'Olivier voisinait dans les plaines du Languedoc avec les céréales et les cultures fourragères, le pourridié pouvait s'y montrer fréquent ; peut-être le rencontrerait-on encore, dans les quelques terres arrosables qui lui sont consacrées; mais en fait, c'est une rareté — au moins en France — que de trouver un Olivier atteint de pourridié, et depuis quelque vingt-cinq ans, il n'en a été relevé qu'un seul cas, signalé par M. CLAUDE BRUN dans un rapport à la Société d'agriculture des Bouches-du-Rhône. Les arbres atteints étaient situés sur l'un des versants d'un mamelon à pente rapide; mais le sol, de nature argilo-calcaire très compacte, retenait les eaux dans les cuvettes creusées autour du pied pour y enfouir les engrais, et y créaient un milieu des plus favorables au développement de la maladie.

Le pourridié de l'Olivier n'a été étudié qu'assez superficiellement par les botanistes, mais on peut admettre qu'il a pour auteurs principaux le *Dematophora necatrix* et l'*Agaricus melleus* (1).

Le mycélium du *Dematophora necatrix* se présente sous forme de flocons blancs neigeux, qui enlacent les organes attaqués de couches épaisses, plus ou moins continues et facilement reconnaissables à la simple vue; c'est ce mycélium blanc que les agriculteurs désignent sous le nom de *Blanc des racines*.

Ces flocons blancs finissent par se teinter successivement et font place à un mycélium brun ou gris souris qui conserve le même aspect floconneux.

Des filaments mycéliens pénètrent sous les écorces, dans les tissus des racines et jusque dans la région du collet, au niveau du sol; ils s'y épanouissent soit sous forme de cordons soit sous forme de plaques plus ou moins étendues, faciles à distinguer.

Dans l'état actuel de nos connaissances, le pourridié ne se guérit pas. La lutte par des moyens directs contre les parasi-

---

(1) L'histoire botanique du pourridié, fort compliquée, n'aurait pas sa place ici. Voir sur cette question : P. VIALA, *Monographie du pourridié des vignes et des arbres fruitiers*. 1892, Coulet, éditeur, Montpellier.

tes des racines est à peu près impossible, car pour atteindre
le mycélium qui se développe à l'intérieur des tissus, il faudrait sacrifier les organes qu'il envahit.

L'organe végétatif du *Dematophora
necatrix*, ainsi que l'a constaté M. P.
VIALA (1), est plus résistant que les
tissus des plantes hospitalières dans
lesquels il vit. On ne peut songer à l'atteindre dans l'intérieur des organes par
des traitements directs ou curatifs.
Aussi ne peut-on espérer guérir par ces
procédés des arbres déjà malades.

M. P. VIALA a fait de nombreuses
tentatives de traitements directs dans
des conditions diverses, avec des doses
variées de soufre, sulfate de cuivre,
sulfate de fer, sulfocarbonate de potassium, sulfure de carbone, acide chlo-
rhydrique et acide sulfurique. Ces
substances n'ont donné que des résultats insignifiants; les plus actives

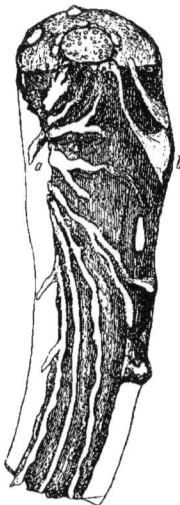

Mycélium du Demato-
phora à l'intérieur des
racines.

d'entre elles ne détruisent le mycélium floconneux extérieur
qu'à des doses auxquelles les radicelles sont altérées. De
tous ces produits, c'est le sulfure de carbone qui agit le
plus énergiquement sur les filaments mycéliens, mais dans
la pratique, le seul service qu'il peut rendre est de contribuer
à désinfecter le sol après l'arrachage des arbres attaqués.

L'arrachage est, en effet, l'unique remède réellement efficace. Il doit être effectué avec soin, en enlevant toutes les
racines et en sacrifiant les arbres voisins pour si peu qu'on y
rencontre quelques radicelles attaquées. On laissera ensuite
le terrain inculte pendant deux ans au moins, et trois ans de

(1) P. VIALA. — *Loc. cit.*

préférence, temps nécessaire pour épuiser la vitalité du champignon parasite. Un traitement au sulfure de carbone à 100 grammes par mètre carré donnera une garantie de plus contre tout retour offensif de la maladie. Mais si l'on veut être certain de ne jamais la voir reparaître, il sera nécessaire d'assurer l'écoulement des eaux stagnantes soit par un drainage régulier, soit par des fossés à ciel ouvert suffisamment rapprochés.

Taches des feuilles de l'Olivier. – Ces taches sont produites par le *Cycloconium oleaginum*, champignon parasite signalé pour la première fois par CASTAGNE (1) et dont M. GEORGES BOYER, professeur à l'Ecole nationale d'agriculture de Montpellier, a donné une étude détaillée (2), à laquelle on se reportera pour la partie scientifique de son histoire ; beaucoup des détails qui suivent lui sont empruntés.

Ce champignon, qui passait à cette époque (1892) pour n'exister qu'en France, a été depuis lors observé en Italie et en Algérie, où il serait fréquent sur les oliviers irrigués du département d'Oran (3).

Le *Cycloconium oleaginum* vit sur les deux faces des feuilles de l'Olivier et sur le pédoncule des fruits ; il est rare sur les olives.

Sur la face supérieure des feuilles, où il est surtout facile à observer, il forme des taches circulaires souvent noirâtres ou dont le centre est d'une autre couleur que la périphérie, gris ou brun ordinairement. La plupart des taches mesurent six à dix millimètres de diamètre, mais il en est qui s'étendent davantage et quelques-unes même, sur les oliviers à larges feuilles, atteignent quinze millimètres et plus de diamètre.

(1) CASTAGNE.— *Catalogue des plantes des environs de Marseille.* Aix, 1845.
(2) G. BOYER. — *Recherches sur les maladies de l'Olivier*, in *Annales de l'Ecole nationale d'Agriculture de Montpellier,* 1892.
(3) Dr TRABUT. — *Loc. cit.*

Elles sont distribuées sur le limbe, sans ordre, en nombre
variable. Certaines feuilles en sont couvertes, beaucoup en
portent quatre ou cinq, d'autres une ou deux seulement.
Souvent, en s'accroissant, les taches se rencontrent. Elles se
pressent alors les unes contre les autres et prennent un
contour en partie ou complètement polygonal, parfois très
nettement marqué par des lignes noires.

Le *Cycloconium oleaginum* se montre sur les feuilles à toutes les époques de l'année et, sur une même feuille, on peut
trouver, à un moment quelconque, des taches
aux diverses phases de leur développement.
Cependant les taches naissent, pour la plupart,
en automne ou dès la fin de l'été sur les feuilles
de l'année. Elles évoluent lentement. Leur
couleur est d'abord uniformément noirâtre. A
mesure qu'elles grandissent, leur couleur se
dégrade et s'efface au centre, où reparaît la
couleur verte de la feuille. Plus tard, en vieil-
lissant, elles deviennent souvent, au centre,
jaunes, brunes ou grises. Les taches se rencontrent fréquemment en été sous ce dernier état.
Elles sont alors très apparentes et ressemblent
assez bien à des yeux. M. DE THÜMEN les a com-
parées aux ocelles des plumes du paon.

Cycloconium.

M. BOYER a été le premier à constater le *Cycloconium oleaginum* sur la face inférieure des feuilles, sur les pédoncules
fructifères et sur les olives. Il y produit des taches isolées ou
confluentes qui conservent durant le cours de leur existence
une couleur noirâtre assez uniforme. Les taches sont ordinairement allongées sur les pédoncules, arrondies sur les olives.
Les taches très étroites sont localisées sur la nervure médiane
de la feuille, qu'elles couvrent parfois d'un bout à l'autre.
Les taches arrondies sont petites, disséminées sur la surface
du limbe. Elles sont souvent peu apparentes par suite du

revêtement pileux abondant qui en masque plus ou moins la couleur.

Les feuilles en voie de croissance, encore tendres, ne portent pas le *Cycloconium oleaginum*. On ne l'y voit se développer que lorsqu'elles ont acquis leur fermeté caractéristique. Sur les pousses de l'année, le champignon se montre donc d'abord sur les feuilles de la base. Il passe ensuite de feuille en feuille jusque sur les feuilles supérieures C'est en septembre que l'on constate l'apparition des premières taches sur les feuilles de l'année.

On n'a pas observé le *Cycloconium oleaginum* sur les rameaux, les taches noirâtres et plus ou moins arrondies qu'ils portent étant généralement dues à la fumagine. Son absence sur les rameaux de deux ans ou plus âgés s'explique par l'absence de l'épiderme qui s'exfolie dans le courant de la seconde année. Sur les rameaux de l'année, l'épiderme meurt avant que le champignon ait pu s'y installer. On constate en effet sur les pousses encore en voie d'allongement, et dès le troisième entre-nœud supérieur, que du liège se forme immédiatement sous l'épiderme et le tue. L'épiderme est sans doute alors impropre au développement du champignon.

Le *Cycloconium oleaginum* se développe parfois sur l'Olivier avec une abondance extrême et s'attaque de préférence à certaines formes de cet arbre. Dans la région de Montpellier, on le rencontre principalement sur la *Lucques*, l'*Amellau*, le *Rouget*, la *Verdale*. Il se développe tardivement sur les olives, et le dommage qu'il leur cause est insignifiant. Son action sur les pédoncules fructifères et les feuilles se manifeste par l'altération de l'épiderme, qui brunit au centre des taches ou par places peu étendues disséminées à leur surface. Mais l'altération est souvent plus importante. Elle gagne le parenchyme sous-épidermique, dont les cellules externes brunissent à leur tour, ou bien, chez les feuilles, ce parenchyme prend une couleur jaune plus ou moins prononcée, apparente surtout à la périphérie des taches.

Toute maladie parasitaire doit être considérée, *a priori*, comme une cause d'affaiblissement de la végétation; les feuilles attaquées par le *Cycloconium* n'accomplissent plus leurs fonctions normales et souvent aussi leur chute prématurée vient priver l'arbre d'une partie plus ou moins importante de ses organes de respiration et d'assimilation. On avait cependant négligé, jusqu'à une époque très rapprochée, tout essai de lutte contre ce champignon, qui, comme on l'a vu plus haut, n'attaque presque jamais les fruits, et dont l'action sur la récolte reste toujours peu apparente.

C'est à l'Institut agricole de Pise, en Italie, que l'on doit la première expérience de traitement (1) :

« Quatre oliviers situés à proximité d'un vignoble dépendant de l'Institut agricole de Pise étaient fortement atteints par le *Cycloconium*; l'un d'eux, enclavé dans les vignes, fut pulvérisé, au printemps de 1890, avec une bouillie bordelaise à 5 o/o de sulfate de cuivre. Les feuilles de cet arbre restèrent saines, tandis que les trois autres oliviers, non traités, furent très éprouvés par le parasite; leur feuillage tombait en grande partie pendant l'hiver ».

M. Th. Dumont, professeur d'agriculture à Nyons (Drôme), a obtenu les mêmes bons résultats avec la bouillie bordelaise à 2 o/o, dans des champs d'expériences établis à Nyons et à Mirabel-aux-Baronnies (2) ; mais il ne faudrait pas moins de trois traitements, dans la Drôme, pour enrayer la maladie dans les terrains des bas-fonds : en août, novembre et février.

Ces expériences ont été répétées plus récemment par M. G. Boyer, à l'Ecole d'agriculture de Montpellier, et par M. Zacharewicz, professeur d'agriculture de Vaucluse (3), qui ont cru pouvoir également attribuer aux sels de cuivre une action très efficace contre le Cycloconium.

---

(1) P. Isnard. — Communication la Société d'agriculture de Nice.
(2) Th. Dumont. — Infertilité et dépérissement de l'Olivier, Nyons 1903.
(3) *Progrès agricole et viticole*, 11 décembre 1904.

La question, toutefois, prête encore à discussion, et en Italie notamment on estime que de nouveaux essais sont nécessaires pour acquérir une certitude.

Dans une récente communication à l'académie de Florence, en effet, MM. O. TOBLER et U. ROSSI-FERRINI, rendant compte d'expériences poursuivies depuis 1899 jusqu'à aujourd'hui dans différentes plantations d'oliviers, en arrivent à la conclusion suivante : « Appliquant la bouillie bordelaise à 1 o/o sur plusieurs centaines d'oliviers de diverses variétés, en laissant un nombre suffisant de témoins, nous avons pu constater que les oliviers traités présentaient d'abord une apparence meilleure. Mais souvent cette différence s'atténuait par la suite jusqu'à devenir quasi nulle, et les feuilles des oliviers sulfatés étaient atteintes de la maladie Quant à l'action sur la récolte, elle n'a pas été la même avec toutes les variétés : sur la variété *Razza*, le sulfatage a provoqué une diminution de la récolte; le contraire s'est produit avec la variété *Moraïola*... Les résultats des traitements ont été si disparates qu'il sera nécessaire de faire de nouvelles expériences, pour déterminer leur action non seulement sur l'aspect de la plante, mais surtout sur sa production».

Si l'action du cuivre ne paraît pas pouvoir être contestée, puisqu'elle a donné à plusieurs reprises des résultats positifs, il restera à déterminer la meilleure ou les meilleures époques d'application, suivant les milieux. Le choix du moment doit jouer ici un rôle d'autant plus important que les feuilles persistantes de l'Olivier offrent pendant toute l'année un champ d'éclosion tout préparé pour le parasite.

Carie du tronc et des branches. — Les plaies produites par l'émondage, l'enlèvement des rejets, et surtout par la suppression de grosses branches de charpente, deviennent souvent le siège d'altérations qui peuvent devenir graves si on n'arrête pas le mal au début.

Ces plaies sont, en effet, une porte ouverte à la pénétration

des spores d'un champignon parasite, le *Polyporus fulvus*,
que l'on rencontre non seulement sur l'Olivier, mais aussi sur
la plupart des arbres fruitiers : pommier, prunier, etc.

Son action sur l'Olivier a été particulièrement étudiée par
M. R. HARTIG (1) en Italie, sur les bords du lac de Garde.

La destruction de certaines parties du tronc commence à
se manifester, sur les arbres encore sains, par l'apparition
de plaies étroites et allongées sur les-
quelles la croissance cesse, de telle façon
qu'à la fin de la saison elles paraissent
déprimées. L'altération du bois se manifeste d'abord par une coloration brun
foncé ; les bords de la région attaquée
sont plus profondément nécrosés et présentent des lignes sinueuses d'un brun presque noir. L'altération gagne, par les rayons
médullaires de la plaie, le cœur de l'arbre
qui se nécrose et se creuse ; elle s'étend
aussi latéralement en se développant sur-
tout rapidement dans le tissu de l'écorce. Elle produit ainsi
de grandes et longues brèches entre les parties du tronc
restées saines.

En même temps, dans la plaie primitive, et en place de
la matière brune formée d'abord, on voit apparaître une
pourriture d'un blanc rosé qui plus tard se condense, s'accroît
et constitue finalement ces champignons sessiles, plus ou
moins volumineux, en forme de «bénitiers», de consistance
dure et d'un brun-noirâtre.

Il serait aisé de prévenir cette maladie en goudronnant,
lors de la taille, toutes les plaies un peu étendues ; et l'on
n'aurait jamais ou presque jamais d'arbres nécrosés. Le

---

(1) R. HARTIG, *Die Spaltung der Oelbaum.* — Voir aussi PRILLIEUX, *Maladies des plantes agricoles*, 1895.

traitement des arbres attaqués ne présente pas non plus
de difficultés si on s'y prend à temps, avant que le mycélium
du champignon n'ait pénétré profondément dans les tissus.
Pour arrêter le mal à son début, il faut pratiquer une
entaille et enlever non seulement l'écorce morte, mais tout
le bois qui a subi un commencement d'altération : l'entaille doit pénétrer jusqu'au bois sain. On passe ensuite une
couche de goudron pour cicatriser la plaie et prévenir une
nouvelle infection des spores apportées par les vents. Un
lavage de la plaie au sulfate de cuivre à 10 o/o, avant le
goudronnage, serait sans doute un excellent complément de
ce traitement.

On ne rencontre que rarement le *Polyporus* dans les
olivettes bien tenues, et ce parasite n'exerce quelques dégâts que
dans les localités où le manque des soins les plus élémentaires
paraît être la règle adoptée par les oléiculteurs.

Fumagine ; — *Noir ;* — *Morphée.* — Cette maladie bien
connue revêt parfois une telle intensité qu'il n'est pas rare,
certaines années, de rencontrer des oliviers entièrement
recouverts de cette croûte noire, à aspect pulvérulent ou
velouté, que l'on a pu justement comparer à un revêtement de
suie ou de noir de fumée. C'est sur les feuilles que l'on
observe habituellement les dépôts les plus épais, mais les
rameaux et le tronc en portent aussi en abondance ; à l'arriere-
saison, les olives peuvent être atteintes à leur tour. Le sol
lui-même, à la suite de pluies ou de vents violents, se montre
tapissé d'une couche noirâtre plus ou moins dense.

Le champignon qui constitue la fumagine a reçu successivement les noms de *Fumago vagans, Fumago salicina,
Torula oleae, Antennaria elæophila,* et finalement de *Capnodium elæophilum.* Son histoire botanique reste encore obscure
et tandis que quelques auteurs en font une espèce spéciale,
d'autres le considèrent comme ne différant pas du *Capnodium
salicinum,* qui se développe sur le saule. Au point de vue

pratique, ces divergences sont sans intérêt, les deux espèces
se comportant absolument de la même façon sur les végétaux
qu'elles envahissent.

Le revêtement noir des plantes atteintes de fumagine est tout
à fait superficiel ; il est formé par le mycélium excessivement
polymorphe et les spores du champignon, qui ne pénètrent
jamais ni dans l'épiderme ni dans les tissus de la feuille ou
du bois ; de telle sorte que si l'on passe une lame de couteau
entre la croûte noire et l'épiderme de la feuille, celle-ci
apparaît absolument intacte.

Le *Capnodium elæophilum* n'est donc pas un parasite au
sens propre du mot ; il ne vit pas directement aux dépens des
tissus de l'Olivier, qu'il n'envahit pas, mais bien sur les
sécrétions sucrées des cochenilles qui le précèdent toujours
ou encore sur les exsudations de sève produites par les piqûres
de ces insectes.

Mais la couche plus ou moins épaisse dont le Capnodium
revêt toutes les parties vertes de la plante empêche le fonctionnement normal des feuilles: l'action de la lumière ne
pourrait s'exercer librement sous cet écran noirâtre, et l'on
doit admettre que toutes les fonctions de respiration, de
transpiration et d'assimilation se trouvent ainsi entravées.

Quoi qu'il en soit, tout Olivier fortement atteint de fumagine ne tarde pas à s'affaiblir, il ne donne plus que des
récoltes insignifiantes et il est voué à une rapide décrépitude
si l'on n'y remédie promptement.

La question du traitement de la fumagine étant intimement
liée à celle de la lutte contre les cochenilles sera mieux à sa
place dans le chapitre suivant.

Tumeurs bactériennes de l'Olivier (*Rogna*, en Italie).
— On observe assez fréquemment, surtout sur les oliviers affaiblis pour une cause quelconque, des excroissances ligneuses, de dimensions très variables, mais pouvant atteindre le
volume d'une noix. Elles sont de forme irrégulièrement ar-

rondie, déprimées et creusées à leur centre d'une cavité profonde, leur surface est rugueuse et souvent profondément
crevassée.

Les branches qui portent ces tumeurs ne tardent pas à se
dessécher et à périr et les arbres
fortement atteints de cette maladie présentent une végétation
languissante.

BERNARD, de Marseille, dans
une étude sur l'Olivier publiée
en 1782, attribuait ces sortes de
galles aux piqûres de la *Chenille
mineuse;* d'autres auteurs ont
cru y voir les effets de «retours
de sève» analogues à ceux qui
provoquent la formation de
broussins sur la vigne.

La question a été élucidée par
les travaux de MM. ARCANGELI
et SAVASTANO, qui, en 1887, ont
montré que les tubercules et
tumeurs renfermaient une bac-
térie à laquelle ils ont donné le
nom de *Bacillus oleæ* (1). Les
travaux de MM. PRILLIEUX et
VUILLEMIN, en France, sont venus
bientôt confirmer les observations

Tumeurs bactériennes de l'Olivier.

des deux savants italiens (2).

Pour bien reconnaître la cause et la véritable nature de ces
tumeurs ligneuses — observe M. PRILLIEUX, (1) — il faut les
examiner quand elles sont encore très jeunes, lorsqu'elles n'ont

---

(1) SAVASTANO. — *Tubercolosi, iperplasie et tumori dell'olivo.* Napoli, 1887.
(2) ED. PRILLIEUX. — *Maladies des plantes agricoles,* 1895.

que deux millimètres de diamètre. En en faisant une coupe
longitudinale, on voit qu'elles sont alors formées exclusivement d'un parenchyme fort analogue à celui qui se produit
sur le bord des plaies faites dans les tissus assez actifs pour
produire ce qu'on appelle des bourrelets. Au sommet de la
petite tumeur (figure ci-contre) le tissu est brun, mor-
tifié et desséché; des crevasses se forment à la surface.

Dans ce tissu déjà frappé de mort se montrent de grandes
lacunes irrégulières communiquant les unes avec les autres.
Elles contiennent une matière blanche opaque qui n'est autre
chose qu'une grande masse de bactéries allongées se rapportant au type *Bacillus*. Au-dessous de la partie desséchée, on
voit encore çà et là, dans le tissu bien
vivant du jeune tubercule, de petites
colonies du même Bacille occupant
des lacunes.

Ces lacunes creusées par les Bacilles dans les jeunes tumeurs de l'Olivier présentent une grande diversité
de taille et de forme; elles s'agran-

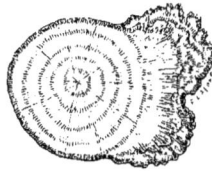

Coupe transversale d'une
tumeur bacillaire.

dissent à mesure que la destruction pénètre plus profondément dans le tissu de la tumeur.

La mort et la désorganisation qui ont commencé de très
bonne heure au sommet de la petite tumeur naissante pénètrent de plus en plus profondément dans les parties centrales;
mais la portion mortifiée est entourée comme d'une sorte de
bourrelet par les tissus restés vivants et dont la croissance est
excitée au plus haut degré. C'est ainsi que se forme cette sorte
de petit cratère que présentent en leur milieu les tumeurs de
l'Olivier.

Les tumeurs ne restent pas longtemps composées seulement de parenchyme, elles se lignifient bientôt en produisant
des faisceaux sinueux de bois à cellules courtes qui s'enrou-
lent autour de centres de formation. Ces enroulements de
fibres ligneuses sont tout à fait analogues aux madrures

des bourrelets qui se produisent sur le bord des plaies des arbres.

Autour du cœur mort de la tumeur, les bords qui ont encore une vie fort active prennent pendant quelque temps un très grand accroissement, mais ils sont eux-mêmes envahis par des colonies de Bacilles et se développent d'une manière fort inégale, se contournent, se crevassent, se divisent en lobes et finalement se dessèchent.

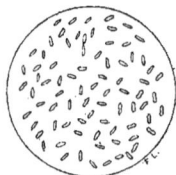

Bacillus oleæ.
G. 1000.

Le desséchement de la tumeur entraîne la mort au moins du côté du rameau sur lequel elle s'est développée, et en général de la portion qui est au delà. La végétation des oliviers dont les branches sont couvertes d'un grand nombre de ces tumeurs devient de plus en plus languissante, et ils ne donnent presque plus de récolte.

On ne connaît pas de remède direct contre cette maladie. L'enlèvement de tous les rameaux atteints de tumeurs sera toujours une bonne précaution à prendre pour en enrayer la multiplication.

III. — LES INSECTES DE L'OLIVIER

Il n'est guère d'arbre qui ait de plus nombreux ennemis que l'Olivier et qui en souffre davantage : le bois, les feuilles, les fleurs, les fruits sont exposés à leurs attaques périodiques et souvent désastreuses.

Aussi leur étude a-t-elle provoqué d'assez nombreux travaux. C'est d'abord, dès 1782, un mémoire signé BERNARD et couronné par l'Académie de Marseille. Puis viennent par ordre de dates, RISSO (1826) ; BOYER DE FONSCOLOMBE, couronné par l'Académie d'Aix (1835) ; GUÉRIN-MÉNEVILLE (1845-1847) ; BOMPAR (1848) ; Dr MARTINENQ (1864). Mais c'est à M. PERAGALLO, de Nice, que l'on doit (1882) les observations

COMPLÉMENT

AU CHAPITRE DES *INSECTES DE L'OLIVIER*

———

LA LUTTE CONTRE LE DACUS OLEÆ

A L'AIDE DES SELS ARSENICAUX

———

L'impression de ce livre était terminée, lorsque j'ai eu connaissance des essais de M. le professeur Berlèse, directeur de l'Institut royal d'entomologie de Florence.

M. Berlèse aurait obtenu des résultats très encourageants en traitant les oliviers avec une solution arsenicale. L'infection a été parfois nulle sur les oliviers traités, tandis qu'elle s'élevait à 52 p. 100 sur ceux laissés comme témoins.

On pourrait employer l'*arséniate de plomb*, suivant la formule indiquée à la page 209.

L. D.

———

les plus complètes sur les mœurs des parasites de l'Olivier.
Plus récemment, M. V. MAYET, professeur à l'Ecole de Montpellier, a résumé tous les travaux de ses devanciers, en y
joignant ses observations personnelles, dans un mémoire publié en 1898 (1).

Il est difficile de varier beaucoup la description des insectes, et pour ce qui va suivre on fera de fréquents emprunts
aux auteurs précités et surtout au dernier travail de M. V.
MAYET.

Laissant de côté quelques «oléophages d'occasion» on peut
signaler comme parasites de l'Olivier les 20 espèces suivantes :

Parmi les Hémiptères, *Lecanium oleæ* (Bernard), la Cochenille hé-
           misphérique.
* *Aspidiotus villosus* (Targioni).
* *Mytilaspis flava* (Targioni), la Cochenille
           en virgule.
* *Pollinia Costæ* (Targioni).
* *Philippia follicularis* (Targioni).
    Psylla (Euphyllura) oleæ (Fonscolombe),
    la Psylle de l'Olivier.
Parmi les Diptères,   *Dacus oleæ* (Latreille), la mouche de l'olive
           ou Keïron.
Parmi les Lépidoptères, *Tinea (Prays) oleella* (Fonscolombe), la Tei-
           gne mineuse.
* *Zellaria oleastrella* (Millière), la Teigne des
           feuilles.
* *Boarmia umbraria* (Millière).
    Margarodes unionalis (Hubner), la Pyrale des
    feuilles.
Parmi les Orthoptères, *Thrips (Phlœothrips) oleæ* (Costa), le Thrips
           de l'olivier.
Parmi les Coléoptères, *Phlœotribus oleæ* (Latreille), le Neïroun des
           Provençaux.

---

(1) V. MAYET. — *Les Insectes de l'Olivier*, in *Progrès agricole et viticole*, 1ᵉʳ
semestre 1898.

Parmi les Coléoptères, *Hylesinus Fraxini* (Fabricius), l'Hylésine du
  frêne.

  Hylesinus oleiperda (Fabricius), l'Hylésine de
  l'olivier.

  Otiorhynchus meridionalis (Schœnher), le Charançon noir, le Chaplun des Provençaux.

  Peritleus Cremieri (Bohemann), le Charançon gris.

  * *Peritelus Schœnherri* (Bohemann), le Charançon gris.

  Cionus Fraxini (de Geer), le Cione du
  frêne.

  Cantharis vesicatoria (Linné), la Cantharide.

Les espèces peu importantes sont marquées d'un astérisque.

Cochenille hémisphérique ou Kermès (*Lecanium*

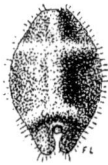

oleæ Bernard). — Parmi les cochenilles qui attaquent l'Olivier, le *Lecanium* est de beaucoup la
plus répandue et la plus nuisible. Non seulement
les arbres souffrent de ses innombrables piqûres,
mais elles provoquent toujours plus ou moins vite
l'apparition de la *Fumagine* (voir page 178) qui
contribue pour une large part à l'affaiblissement
de la végétation.

Lecanium.

A l'état adulte, l'insecte, qui ressemble à une sorte de galle, est de
couleur brun-noirâtre, de forme
ovale, à surface rugueuse, portant
une carène dorsale et deux transversales, de teinte plus claire. Les
œufs sont pondus sous le corps de
l'insecte qui se dessèche après la
ponte, et dont il ne reste plus que
la carapace protectrice, solidement
fixée aux feuilles ou aux rameaux.

Lecanium oleæ.

L'éclosion a lieu en été, habituellement depuis la fin juin

jusqu'à la fin d'août, mais peut se prolonger au delà de ces limites, comme on le verra plus loin ; si à ce moment on soulève l'une des carapaces, on voit un grouillement de petits insectes de couleur gris-jaunâtre, qui ont quelque ressemblance avec de jeunes phylloxeras.

Les uns après les autres, ils sortent de leur abri par l'échancrure postérieure de la carapace desséchée de la mère, et on les voit se répandre sur les rameaux et sur les feuilles, parfois même sur les fruits ; ils s'y fixent bientôt, et grossissent assez rapidement.

MOYENS DE LUTTE. — Le jeune *Lecanium* est assez vulnérable, si on le saisit au moment où il vient d'éclore et avant que sa carapace n'ait acquis une épaisseur suffisante pour le rendre impénétrable aux insecticides. Mais la difficulté des traitements résulte de ce fait que les éclosions durent assez longtemps. En 1888, dans les environs de Montpellier, j'ai observé la sortie de jeunes *Lecanium*, sur un même arbre, depuis le 15 juin jusqu'aux premiers jours d'octobre. M. Th. DUMONT a constaté le même fait dans la Drôme, où les éclosions s'échelonnent, dit-il, de juin à novembre (1). Cela seul suffit à expliquer pourquoi on ne réussit pas toujours aisément à se débarrasser du Kermès, car on ne peut multiplier indéfiniment les traitements.

Les seuls moyens curatifs indiqués avant 1884 étaient des aspersions d'eau de chaux, des fumigations de tabac, des lavages et des brossages. Depuis lors, on a essayé, avec des succès divers, des insecticides beaucoup plus efficaces : le pétrole, le jus de tabac et l'essence de térébenthine.

C'est le savant entomologiste américain RILEY qui a su rendre pratique l'emploi du pétrole, en imaginant de l'émulsionner avec une petite quantité de savon. Au cours d'une

(1) Th. DUMONT. — *Loc. cit.*

conférence faite à la Société centrale d'agriculture de l'Hérault, le 30 juin 1884 (1), il indiquait en outre, comme
insecticides des plus énergiques, les substances arsenicales :
ces dernières agissant sur l'estomac et produisant des effets
surtout sur les insectes à mandibules ; le pétrole agissant
par contact, et par conséquent d'une application plus générale.

Il est aisé de constater, par des essais de laboratoire, que
le pétrole et le jus de tabac tuent rapidement les jeunes
cochenilles, tandis qu'elles résistent à une action même prolongée des sels arsenicaux à la dose normale des traitements.

La communication de M. RILEY nous engagea, M. PIERRE
VIALA et moi, à faire, pendant l'été de 1885, un essai de traitement dans la propriété de M. Poujol, à Saint-Jean-de-Fos
(Hérault), sur des oliviers tellement déprimés par la fumagine que l'on se demandait s'il ne vaudrait pas mieux les
abattre. L'émulsion Riley (pétrole-savon) se montra aussi
inefficace que les autres produits que nous avions employés ;
il est vrai que l'on n'avait fait qu'une seule application. Un
peu en raison de cet insuccès et aussi parce que Saint-Jean-
de-Fos n'offrait pas à cette époque des communications faciles, ces essais furent abandonnés.

Je les repris en 1887, dans une propriété voisine de Montpellier, et les poursuivis pendant trois ans avec le concours
de MM. CADORET et DUCHEIN, chefs de culture à l'École
d'agriculture (2).

Il a été fait trois traitements en 1887 : le 20 juillet, le 30
juillet et le 15 octobre ; trois traitements en 1888 : le 15 juin,
le 20 juillet et le 15 octobre ; deux traitements en 1889 : en
juillet et octobre.

Les arbres étaient divisés en trois lots, le premier ne rece-

---

(1) RILEY. — Conférence. In *Progrès agricole et viticole*, 2ᵉ semestre 1884.
(2) J'ai publié une partie de ces essais dans le *Progrès agricole et viticole*,
Nᵒ du 14 mai 1893.

vant que des traitements insecticides ; le second des traitements anticryptogamiques ; le troisième des traitements mixtes.

Il importe de noter que ces arbres étaient livrés à l'*inculture* la plus complète : *ni taille, ni fumure, ni labour.*

Sans entrer dans le détail de tous les essais, les résultats
peuvent se résumer ainsi :

1° *Insecticides employés seuls.* — Ces constatations s'appli-
quent aux trois années d'expériences :

	Résultat	Observations
Arséniate de soude à 2 o/oo..........	Nul	A brûlé les feuilles et les olives
Arséniate de cuivre à 2 o/oo..........	—	Inoffensif pour l'arbre
Pyrèthre à 1 o/o...................	—	—
Jus de tabac à 10 o/o	—	—
Pétrole et savon (Riley) à 2 o/o......	—	—

Le mot *nul* ne doit pas être pris ici dans son sens absolu, mais au point de
vue du résultat pratique apparent.

Pendant tout l'été, à chacune de nos visites, nous consta-
tions de nouvelles sorties de jeunes cochenilles ; ce n'est que
vers les premiers jours d'octobre que l'éclosion paraissait définitivement terminée et que tous les insectes étaient fixés sur les
feuilles et rameaux. Tous les œufs et tous les jeunes insectes
restés sous les carapaces lors des premiers traitements avaient
échappé à leur action.

2° *Produits anticryptogamiques.* — Le cuivre, sous forme
d'eau céleste (sulfate de cuivre et ammoniaque) employée à
2 o/o, est le seul anticryptogamique qui ait donné quelques
résultats. On y reviendra dans un instant.

3° *Traitements mixtes.* — Ces traitements ont été effectués
avec un mélange d'insecticide Riley (pétrole-savon) et d'eau
céleste.

Dans ces deux dernières séries d'essais, où intervient l'eau céleste, nous avons constaté, mes collaborateurs et moi, une amélioration à partir de la seconde année : il restait partout assez de cochenilles pour assurer largement la perpétuation de l'espèce, mais les feuilles nouvelles n'étaient que peu ou pas atteintes par la fumagine.

Quoi qu'il en soit, j'avais considéré ces traitements comme peu pratiques, en raison de leur prix de revient assez élevé pour un résultat médiocre, et je renonçai à les continuer.

J'ai insisté plus haut sur le fait que les arbres soumis à ces expériences ne recevaient aucuns soins et n'avaient pas été taillés une seule fois pendant les trois années. C'est là, sans doute, la cause principale de notre échec (1), et il importe qu'on le retienne, car de nouveaux essais faits depuis cette époque, sur des olivettes bien soignées, ont beaucoup mieux réussi.

Les plus anciens en date sont ceux entrepris en 1899, à Ganges, par M. Chappaz, et poursuivis depuis 1900 jusqu'à ce jour par M. Vidal, répétiteur à l'Ecole de Montpellier.

Les oliviers traités, comme les témoins, étaient, ici, soumis à une taille régulière, le propriétaire, M. Durand, désirant se placer dans les meilleures conditions de réussite.

MM. Chappaz et Vidal ont introduit un nouveau produit insecticide, l'essence de térébenthine, dont l'action serait, d'après ces expérimentateurs soigneux, au moins égale à celle du pétrole, tout en présentant l'avantage pratique de ne pas encrasser les pulvérisateurs, comme le fait l'émulsion Riley.

On a effectué deux traitements chaque année, le premier en juin, au début de l'éclosion ; le second au commencement de septembre, alors que l'humidité de l'atmosphère vient se joindre à la chaleur pour favoriser le développement du champignon de la fumagine.

Les résultats de ces essais, dont le détail a été publié à diverses reprises (2), sont résumés dans le tableau suivant :

---

(1) Peut-être aussi la dose de pétrole employée (2 o/o) était-elle trop faible.

(2) D. Vidal. — Essais de traitements contre la fumagine, in *Progrès agricole et viticole,* 27 janvier 1901 et 5 avril 1903 et 28 octobre 1906.

NUMÉROS des lots	TRAITEMENTS	ÉPOQUE des TRAITEMENTS	Notes de 0 à 10		
			en 1903	en 1905	en 1906
1	Témoins non taillés............	»	»	»	1 50
2	Témoins taillés....................... .	»	4.2	5.3	5.00
3	2 kil. savon noir + 2 litres pétrole dans 100 litres d'eau........................	Juin Septembre	4.6	» (1)	»
4	2 kilos savon + 2 litres pétrole dans 100 litres de bouillie bordelaise à 3 o/o	Juin Septembre	5.5	» (1)	»
5	1 litre essence de térébenthine dans 100 litres de bouillie bordelaise à 3 o/o.....	Juin Septembre	8.2	8.5	9.10

(1) A partir de 1904, le propriétaire a traité uniquement avec la bouillie à la térébenthine.

M. VIDAL apprécie comme suit les résultats de ces huit années de traitement :

«1° Les traitements les plus efficaces sont ceux qui sont susceptibles d'atteindre à la fois l'insecte et le champignon ;

3° La pulvérisation à la bouillie bordelaise additionnée d'essence de térébenthine donne d'excellents résultats. Les arbres ainsi traités ne portent pas de noir sur leurs branches récentes; le bois ancien seul présente des traces des premières atteintes. Les cochenilles se trouvent en très petite quantité sur les jeunes rameaux».

Il est important de noter que, dans le champ d'expériences de M. Durand, l'état des arbres *non traités*, mais simplement *taillés* et bien *soignés*, s'est sensiblement amélioré, tandis que les oliviers du voisinage qui sont laissés à l'abandon sont très fortement atteints par la maladie.

Un second champ d'expériences a été établi par M. VIDAL chez M. Castan, propriétaire à Lodève, en 1903, pour comparer les bouillies à la nicotine et au pétrole avec les bouillies à la térébenthine.

Les résultats relevés en octobre 1906, après quatre années de traitement, sont représentés par les chiffres suivants :

		NOTE (de 0 à 10)
100 litres Bouillie bor-delaise à 2 o/o	avec 1 litre essence térébenthine	7.6
	avec 4 litres pétrole et 1 kil. savon	7.4
	avec 1 litre jus de tabac concentré	6.7
Témoin	Non traité, mais taillé	4.5

La valeur insecticide de la térébenthine et du pétrole est ici sensiblement égale ; le jus de tabac s'est montré un peu inférieur.

M. VIDAL conclut à l'emploi de l'essence de térébenthine, comme étant d'un prix moins élevé, tout en étant de préparation beaucoup plus simple et n'encrassant pas les pulvérisateurs. En effet, le litre d'essence vaut 1 fr. 40 ; tandis que les 4 litres de pétrole avec le savon nécessaire à l'émulsion coûtent environ 2 francs.

Plus récemment, M. ED. ZACHAREWICZ (1), professeur d'agriculture de Vaucluse, a obtenu de bons résultats d'une bouillie au pétrole, composée de 1 kilo savon, — 4 litres pétrole, — 1 kilo sulfate de cuivre, — 100 litres d'eau.

M. ZACHAREWICZ dit avoir observé des éclosions de cochenilles en février-mars-avril, à la suite d'hivers doux, et il recommande d'effectuer le premier traitement vers le 15 avril, le second vers le 20 mai. En admettant que les cochenilles observées par M. ZACHAREWICZ fussent bien le *Lecanium oleæ*, ce que conteste M. MAYET (2), c'est là bien certainement un cas très exceptionnel, les éclosions ne commençant habituellement, dans le Midi de la France, que fin juin et parfois même en juillet.

Il faut encore citer d'intéressants essais faits par un habile oléiculteur du Var, M. DOLONNE (à Puget-sur-Argens), avec une

---

(1) Ed. ZACHAREWICZ. — La fumagine de l'Olivier, *in Progrès agricole et viticole*, 25 janvier 1903 et 11 décembre 1904.

(2) V. MAYET. — Deux cochenilles de l'Olivier, *in Progrès agricole et viticole*, 27 novembre 1904.

bouillie nicotinée composée de : sulfate de cuivre, 3 kilos ; — cristaux de soude, 3 kilos ; — jus de tabac, 1 litre ; — eau, 100 litres. Deux traitements annuels donnés à des oliviers bien soignés et *taillés très sévèrement tous les quatre ans* ont permis à M. DOLONNE de se débarrasser à peu près complètement de la fumagine.

La formule ci-dessus a été expérimentée également dans des champs de démonstration créés à Lorgues et à Draguignan, en 1901, par MM. FARCY et SÉNÉQUIER, professeurs d'agriculture. D'après un rapport adressé à la Société centrale d'agriculture du Var, par M. SÉNÉQUIER, les effets du traitement, partout sensibles, ont été surtout remarquables sur les oliviers qui avaient été en même temps fumés et bien taillés.

M. MARLATT, premier assistant à la Division d'entomologie des Etats-Unis (1), recommande, comme bien plus efficace encore que le pétrole ordinaire, le produit qu'il appelle le *Distillé* et qu'on désigne en France sous le nom de *Mazout*. C'est l'huile lourde de pétrole restant dans l'alambic de distillation après que le pétrole lampant a été entraîné.

La formule conseillée est la suivante : Huile lourde ou Mazout, 5 litres ; — savon, 500 grammes. Emulsionner dans 5 à 6 litres d'eau bouillante ; puis compléter 100 litres avec de l'eau froide.

M. MARLATT préconise l'emploi de savon à l'huile de poisson comme supérieur au savon noir ordinaire.

M. V. MAYET, dans les articles qu'il a publiés sur la question (2), opine pour de simples traitements à l'émulsion Riley, estimant qu'une fois l'insecte détruit, la pluie et le vent suffiraient à faire disparaître la fumagine.

La conclusion qui paraît ressortir de toutes ces expérien-

---

(1) *Maladies des orangers, cochenilles et mites*, par MARLATT, Premier Assistant, Division d'entomologie du Département de l'agriculture de Washington. Traduction de M. AUG. GEOFFROY. (Nice, Claude Arduin, 43, avenue de la Gare, 1904).

(2) V. MAYET. — *Loc. cit.*

ces, c'est que, sans être des remèdes aussi radicaux qu'on le désirerait, les traitements aux bouillies cupriques additionnées de pétrole, d'essence de térébenthine ou de jus de tabac permettent de lutter avec succès contre le *Lecanium* et la *Fumagine*, à condition que l'on combine ces traitements avec une taille un peu sévère (très sévère même au début, quand on a affaire à des arbres fortement atteints) et avec de bons soins de culture.

Peut-être même le système de *taille mixte* indiquée plus haut (page 132) pourrait-il dispenser des traitements annuels si l'on prenait soin, après la taille de rajeunissement, de bien nettoyer les arbres par un brossage énergique suivi d'une seule pulvérisation insecticide pour détruire les œufs mis à nu par la brosse et restés fixés sur les rameaux.

PRÉPARATION DES SOLUTIONS INSECTICIDES. — La préparation des diverses solutions proposées pour combattre le Lecanium et la fumagine n'offre aucune difficulté.

1° *Emulsion Riley* (pétrole-savon). — Faire dissoudre 1 kilo de savon mou dans 10 litres d'eau bouillante. Ajouter 4 litres ou 5 litres de pétrole en agitant très vivement et longtemps, de façon à obtenir une sorte de crème ou d'émulsion, condition nécessaire pour que le pétrole se mélange intimement à l'eau. Si on veut faire simplement un traitement insecticide, on ajoutera 90 litres d'eau froide à l'émulsion pétrole-savon, et on appliquera au pulvérisateur.

2° *Bouillie au pétrole-savon.* — Préparer une bouillie bordelaise ou bourguignonne comme d'habitude, et ajouter, au moment de l'emploi, l'émulsion Riley préparée comme ci-dessus, dans 90 ou 100 litres de bouillie.

3° *Bouillies à la térébenthine et à la nicotine.* — La térébenthine aussi bien que le jus de tabac se mélangent sans difficulté aux bouillies cupriques. Il suffit de verser, soit la térébenthine (1 litre), soit le jus de tabac (1 litre à 1 litre 1/2) dans 100 litres de bouillie, en agitant quelques instants.

Le traitement en lui-même n'offre pas de difficultés pour les oliviers de petite taille, où il suffit d'un pulvérisateur muni d'une longue lance que l'on tient à la main. Pour les oliviers de grandes dimensions, il faudrait faire usage de pompes fixées sur un chariot, assez puissantes pour lancer un jet de liquide à 10 ou 12 mètres de hauteur, ce qui complique sensiblement l'application économique.

Au risque d'être un peu long, je rappellerai encore, ne fût-ce que pour en signaler les dangers, un procédé récem-

Cloche à cerceau de Woodworth. — Manœuvre de mise en place.

ment préconisé par les Américains contre les insectes et particulièrement contre les cochenilles de l'Olivier et de l'Oranger.

Ils ont pensé que, si les poudres et les liquides pénétraient difficilement partout, il n'en était pas de même des *gaz*, et parmi les corps susceptibles de se gazéifier aisément, ils ont choisi le plus toxique peut-être, l'acide cyanhydrique (acide prussique).

La méthode consiste à placer les arbres sous une cloche d'étoffe imperméable, dans laquelle on produit le gaz toxique.

Le type représenté ci-contre a été recommandé par M. Woodworth, dans le Bulletin de l'Université de Californie, comme étant d'un maniement facile.

C'est la *cloche à cerceau*, qui peut se faire de dimensions très variées, mais dont l'emploi n'est possible que pour les arbres de petite ou de moyenne taille.

Les figures ci-jointes dispenseront d'une longue description.

L'opérateur commence par appliquer la cloche sur une moitié de l'arbre ; à l'aide d'un crochet que l'on voit à terre, il en saisit le cerceau et tire à lui ; il achève à la main la manœuvre.

Pour les arbres de dimensions plus grandes, on n'a pas

Cloche à cerceau de Woodworth. — En place.

reculé devant la construction d'un outillage spécial, composé le plus souvent d'un chariot-porte-tente, tel que celui de Wolfskill.

Il reste à indiquer les doses de matières employées pour les traitements. Ces doses varient nécessairement avec les dimensions des arbres ; des essais seraient, en outre, encore à faire pour déterminer celles que peuvent supporter les différents arbres que l'on aurait à traiter. Les chiffres suivants, appliqués par le professeur Johnson à la destruction du pou de San José, ne constituent donc qu'une indication générale :

Cloche à fumigations de Wolfskill (pour les arbres de grande taille).

Hauteur de l'arbre	Diamètre de l'arbre	Cyanure de potassium	Acide sulfurique	Eau
mètres	mètres	gr.	gr.	gr.
1.22	0.91	6.20	9 »	13.44
1.83	1.21	18.85	28 »	38 »
2.44	1.21	37 »	55 »	84 »
3.05	2.13	90 »	112 »	196 »
3.66	2.74	165 »	246 »	365 »
4.27	3.35	280 »	410 »	615 »
4.88	4.26	448 »	672 »	1035 »
5.48	4.57	516 »	924 »	1400 »
6.09	4.88	812 »	1205 »	1820 »

L'opération elle-même est ensuite fort simple. La cloche étant en place, on la soulève pour poser au pied de l'arbre un vase de terre dans lequel on verse d'abord l'acide sulfurique dilué, puis le cyanure de potassium. On doit opérer vivement, pour éviter de respirer les vapeurs très toxiques qui se dégagent immédiatement.

J'ai essayé ce procédé en 1899, sur des oliviers de petite taille. L'opération fut faite en plein jour, par un beau soleil méridional. Le résultat fut déplorable: tous les arbres eurent leurs feuilles absolument grillées.

Il faudrait opérer pendant la nuit ou au moins par temps très couvert, et c'est là une grosse difficulté dans la région de l'Olivier. D'autre part, le maniement des cloches ne laisse pas que de donner quelque peine, dès que le branchage des arbres n'a pas une forme tout à fait régulière. Et c'est plutôt à titre de curiosité que j'ai cru devoir signaler ici ce procédé, plus applicable dans des serres qu'en plein air.

ENNEMIS DES COCHENILLES. — Doit-on compter beaucoup sur les ennemis des cochenilles pour nous débarrasser de leur présence? Le remède serait économique, mais il ne semble pas «agir» bien souvent.

«Il est étonnant — écrit M. V. MAYET (1) — de ne pas voir d'Hymé-

---

(1) V. MAYET. — Loc. cit.

noptères (mouches à quatre ailes) de la famille des Chalcidiens observés comme ennemis de notre *Lecanium*. Le colonel Goureau, dans son travail spécial (1) sur les ennemis des insectes nuisibles, n'en cite aucun. Des trous de sortie de parasites ont été pourtant observés maintes fois par nous sur les coques desséchées du *Lecanium oleæ*.

»Mieux observée est l'intervention utile d'un Lépidoptère (papillon), l'*Erestria scitula* Rambur, dont les mœurs bizarres, carnassières à l'état de chenille (le fait est unique chez les papillons), ont été observées par Himmighoffen de Barcelone, Peragallo de Nice, Millière de Cannes et en dernier lieu, avec figures et nombreux détails, par M. Rouzaud (2). La chenille, qui mange sa proie vivante, va d'une cochenille à une autre, les vide en se dissimulant dans leur intérieur, puis finalement en détache une dont elle se fait un bouclier dorsal maintenu en place par ses fausses pattes postérieures. Successivement, au moyen d'une sécrétion soyeuse, elle agrandit cet abri devenu mobile, et, au moment de la métamorphose en chrysalide, cette carapace portant une et même deux coques de *Lecanium* est fixée à l'arbre avec de la soie et constitue le cocon d'où sortira le papillon.

»Celui-ci, long de 10 millimètres environ quand les ailes sont repliées le long du corps, atteint 18 à 20 millimètres d'envergure. Il est de forme massive et de couleur grise ou blanchâtre, avec une large bande brune transversale sur les ailes supérieures et la bordure de l'extrémité de ces ailes de même couleur. Au repos, dit M. Rouzaud, il simule sur le bois une fiente de petit passereau, ayant ainsi une *ressemblance protectrice*.

»L'*Erestria* a plusieurs générations dans l'année, jusqu'à 5, d'après l'auteur précité, la première apparition du papillon se produisant en mai, la dernière en septembre. L'insecte ne mettrait alors qu'un mois pour évoluer et se multiplierait au point de détruire une quantité énorme de cochenilles.

»Les sept mois d'octobre à mai se passeraient, les mois d'automne sous forme de chenille engourdie, ceux d'hiver et de printemps sous forme de chrysalide.

»M. Rouzaud voit, dans la multiplication de cet insecte, un sérieux

---

(1) Insectes nuisibles aux arbres fruitiers. Paris, 1861, p. 344.

(2) Mœurs et métamorphoses d'un Lépidoptère carnassier (Montpellier, Coulet ; Paris, Masson, 1893).

moyen de lutte. «On peut, dit-il, l'élever en serre sur des lauriers-
roses convenablement forcés vers la fin de l'hiver». Plus pratique,
selon nous, serait le conseil de recueillir des cocons en hiver et de
les placer sur les arbres attaqués. Les papillons éclos en mai se
multiplieraient naturellement là où serait assurée la nourriture de
leurs descendants.

»En attendant que ces procédés, un peu trop scientifiques, puissent être rendus pratiques, il faut s'en tenir à l'action directe de
l'homme contre la cochenille».

Aspidiotus villosus.

— Les Aspidiotus sont des coche-
nilles recouvertes d'une carapace blanche, sous laquelle
l'insecte est abrité ; cette carapace a
quelque ressemblance avec une co-
quille d'huître présentant, à son centre, une écaille plus foncée. Si l'on
soulève la carapace, on trouve en dessous une petite masse molle, de couleur verdâtre ; c'est l'animal auteur
de la sécrétion, être informe, privé
de pieds, fixé au végétal par un rostre
dépassant la longueur du corps.

Cet insecte a été surtout observé
en Italie, et plus récemment en Tunisie, par M. MAIGNE, d'El-Ariana, qui
en adressait un échantillon à M. V.
MAYET en 1904 (1).

Aspidiotus villosus.

«L'arbre où j'ai pris ces échantillons — écrivait-il — est atteint de
la cochenille au plus haut degré, même sur le bois des rameaux, les
fruits peu atteints se déforment, les parties attaquées par l'insecte
restant vertes et dures pendant que les parties indemnes mûrissent.
Ce n'est que dans les fruits fortement atteints que l'on voit la teinte
passer du vert au blanc-jaune. Arrivé à cet état, le fruit se dessèche
et ne peut être envoyé au moulin. La maladie se propage rapidement

_____

(1) *Progrès agricole et viticole*, 27 novembre 1904.

malgré les soins culturaux donnés à mes arbres, arrosages à la floraison, c'est-à-dire en avril, et à la véraison, c'est-à-dire en octobre.
Le mal semble se communiquer de proche en proche, sans toutefois
parcourir de grandes distances. J'ai remarqué que dans le voisinage
d'un arbre fortement cochenillé, les oliviers d'alentour étaient
atteints seulement du côté faisant face à l'arbre infecté. Souvent j'ai
vu une seule branche de l'arbre attaquée, tandis que le reste de l'olivier était indemne».

MOYENS DE LUTTE. — Mêmes traitements que pour le
Lecanium oleæ.

Mytilaspis flava ; Pollinia costæ ; Philippia oleæ. —

Ce sont encore trois cochenilles
que l'on rencontre de temps à
autre sur l'Olivier, mais elles
sont loin de présenter l'importance des précédentes. La plus
fréquemment observée est la
Philippia oleæ ou *P. follicularis*,
représentée ci-contre. La *Mytilaspis flava* ou cochenille en vir-
gule et la *Pollinia costæ* sont
plus rares.

Si l'on se trouvait en présence
d'une invasion quelque peu grave de ces ennemis accidentels,
on les combattrait par les mêmes procédés que le *Lecanium*.

La Psylle de l'Olivier (*Psylla (Euphyllura) oleæ* Fons-

colombe). — C'est encore un ennemi sérieux de la culture de
l'Olivier. Il appartient à une petite famille, celle des *Psyllides*,
intermédiaire entre les *Pucerons* et les *Cicadelles*. Comme ces
dernières il saute, de là le nom de *Sauteret* qui lui est donné à
Grasse, d'après M. PERAGALLO. A Toulon, à Marseille, à Aix,
on le nomme *Blanquet*, à cause de la sécrétion cotonneuse
dont son corps est recouvert à la façon du puceron lanigère.

Il a été très bien décrit par Boyer de Fonscolombe, le créateur de l'espèce (1), et qui le nomme, en français, tantôt Psylle de l'Olivier, tantôt *Psylle du coton des fleurs*. L'entomologiste d'Aix vivait dans le pays où cet insecte exerce le plus de dégâts ; il est le premier qui en ait parlé, et ceux qui ont écrit sur ce sujet n'ont guère fait que répéter ce qu'il en a dit :

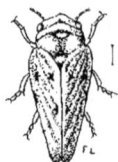

Psylle.

«La Psylle de l'Olivier — dit Fonscolombe — est du genre Psylle créé par Geoffroy. Sa larve produit le coton qui entoure quelquefois les fleurs de l'Olivier, et elle se cache sous cette enveloppe, qui est une sécrétion de l'animal. L'insecte parfait paraît en juillet, et fréquente alors les oliviers, soit pour se nourrir de leur suc, soit pour y pondre ses œufs, tandis que la larve et son nid paraissent en même temps que les boutons à fleurs commencent à se développer.

»La Psylle, dans son dernier état, n'a qu'une ligne de long au plus. Son corps est d'un vert-jaunâtre ; son front aplati, avancé, grand, de la forme d'un bouclier, insensiblement

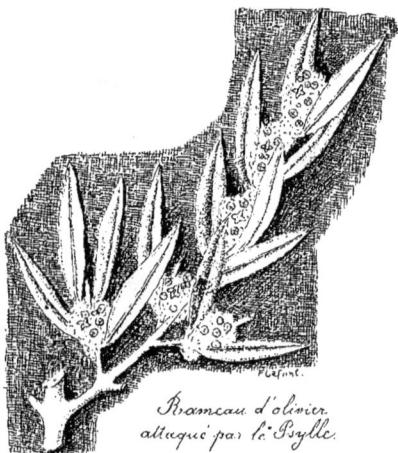

Rameau d'olivier attaqué par le Psylle.

plus étroit en avant, où il s'arrondit, quoique légèrement fendu à son extrémité. Les antennes, plus courtes que dans d'autres espèces congénères, sont cependant plus longues que la tête ; les deux articles de leur base sont très gros en comparaison du reste de l'antenne, qui est filiforme. Le corselet est transverse et fort étroit.

(1) Insectes nuisibles à l'agriculture, Nîmes, 1835, p. 46, et *Annales de la Soc. ent. de France*, 1840, p. 111.

Entre le corselet et les élytres se voit l'écusson, qui est beaucoup
plus grand que le corselet, triangulaire et bombé. Les élytres sont
en toit, presque carrés, très dilatés au côté extérieur de leur
base, arrondis presque en ovale à l'extrémité, le côté interne étant
un peu courbe; ils sont blanchâtres, d'une transparence louche,
marbrés de taches roussâtres plus grandes et plus foncées aux côtés
extérieurs et à l'extrémité; il y a un ou deux points noirs, très
petits au milieu du côté interne; les ailes, cachées sous les élytres,
sont blanches et transparentes, l'abdomen est conique, et l'extrémité
de celui de la femelle paraît armée de deux grandes lames triangu-
laires réunies, qui doivent servir à pondre et à fixer les œufs. La
trompe est couchée le long de la poitrine. Les pattes sont assez
épaisses; les cuisses, dilatées en massue, lui servent à sauter. La
larve et la nymphe ressemblent, sauf les ailes, à l'insecte parfait».

«Sous une enveloppe cotonneuse — dit, de son côté, M. PERA-
GALLO(1), — un peu gluante à sa base, se meuvent les larves et les nym-
phes; l'insecte parfait se tient généralement en dehors de cette matière qu'il ne produit plus. Si on inquiète les habitants de cette
demeure, on voit sortir avec une certaine vivacité et s'avancer le
long des branches des boules blanches hérissées, qui, si elles sont
dérangées, se portent de côté. En débarrassant un peu ces êtres ani-
més, on distingue facilement les larves de forme épaisse, d'un jaune-
rougeâtre, à grosses antennes noires au bout, le corps aplati en bouclier supporté par six pattes à extrémités noires. Point de rudiment
apparent d'élytres; le corps est couvert de fils blancs longs, d'une
grande ténuité; à l'extrémité existe un appareil raboteux plus sombre de couleur, d'où s'échappent des faisceaux de coton, l'insecte
marche en relevant son abdomen».

MOYENS DE LUTTE. — On n'a pas trouvé, jusqu'ici, de procédé réellement pratique pour se débarrasser de la l'sylle.
Peut-être les fumigations à l'acide cyanhydrique seraient-
elles efficaces, mais on a vu combien ce remède était onéreux
et d'application délicate.

«Il est difficile — dit FONSCOLOMBE — d'indiquer des moyens de dé-

---

(1) L'Olivier; son histoire, sa culture, ses ennemis et ses amis. Nice, Cauvin-
Empereur, 1882.

truire ou d'écarter un insecte qui s'attache aux fleurs même, les
flétrit et fait souvent avorter le fruit Les lessives indiquées contre
les pucerons, la chaux, les cendres, les infusions de tabac, l'emploi du soufflet qui dirige une fumée âcre sur les pucerons, peuvent être utiles, mais il faut prendre garde que ces lavages ne nui-
sent à la fleur même qui est si délicate, et que le remède ne soit
pire que le mal».

«On devrait — dit M. Peragallo — visiter les oliviers et brûler les
bouquets de fleurs ou de jeunes fruits qui présentent un commencement d'invasion, opération facile, puisque, d'après les remarques
que j'ai faites, les rameaux les plus rapprochés du sol sont de préférence atteints.

»Lorsque la fleur est tombée, que le fruit a grossi, la Psylle vient
produire son coton plus bas encore, à l'aisselle des jeunes feuilles,
surtout sur les pousses et les greffes ; on la voit, sous son enveloppe
blanche, creuser des trous qui ne peuvent que nuire à la croissance
de l'arbre. Une petite araignée verte, veinée de noir, fait une grande
consommation de psylles».

La mouche de l'Olive (*Dacus oleæ* Latreille). – Le

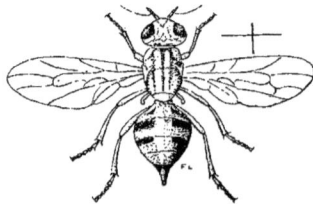

Mouche de l'olive.

petit Diptère appelé Keïron
ou Keïroun par les Provençaux est un des ennemis les
plus redoutés de l'oléiculteur,
capable, certaines années,
d'enlever une grande partie
de la récolte et de rendre le
reste invendable tant l'huile
est infestée par les dépouilles et les déjections de l'insecte.

«Espèce bien spéciale à l'arbre — fait observer M. V. Mayet, —
n'atteignant aucune autre Jasminée, vivant à l'état de larve de la
pulpe du fruit, l'insecte est naturellement peu nuisible à l'Olivier
sauvage et aux variétés à fruits petits, mais il a été multiplié par
les variétés à fruits pulpeux, telles que la Verdale, le Cailletier, etc.

»L'insecte parfait est une petite mouche longue de 5 millimètres
sur environ 10 d'envergure, à la tête fauve, aux yeux noirs, au
thorax d'un gris cendré devenant foncé après la mort, à l'abdomen
roux avec quatre taches transversales noires, les ailes transparentes
irisées, les pattes jaunes.

»Il a trois générations par an en France, en Espagne et en Italie, et probablement quatre dans l'Afrique du Nord. C'est dire combien les circonstances étant favorables, la multiplication peut être grande à la récolte des olives.

»L'insecte, à l'état de nature, passe l'hiver au dehors sous forme de pupe enfoncée dans le sol ou de mouche, réfugiée dans un tronc d'arbre caverneux ou sous une écorce soulevée, mais les magasins d'olive et les moulins en abritent la plus grande quantité.

»Les éclosions de la dernière génération commencent en novembre et se produisent jusqu'au printemps, facilitées qu'elles sont par la chaleur des locaux.

»La petite mouche tenue en captivité suce les liquides sucrés ; il est permis de penser que, comme tant de Diptères elle butine sur diverses fleurs, y compris celle de l'Olivier en attendant l'heure de l'accouplement et de la ponte. Celle-ci n'aurait lieu, d'après les observateurs, qu'à partir de fin juillet ou des premiers jours du mois d'août, les fruits étant un peu gros et renfermant déjà de l'huile. L'œuf est déposé par la tarière de la femelle sous la cuticule du fruit.

»L'évolution complète demandant 30 ou 40 jours, c'est vers le 10 septembre que se montrent les mouches de la première génération, autour du 20 octobre celles de la seconde, et sur la fin de novembre, les plus précoces de la troisième. Les autres, blotties dans leurs pupes, ou retardées par le froid dans leur évolution, attendront le printemps pour rompre leur enveloppe nymphale.

»La larve est un petit asticot à 11 segments, de couleur jaune, muni antérieurement de deux crochets représentant les mandibules et servant à creuser la galerie dans l'olive. Cette larve pénètre jusqu'au noyau, le contourne ou revient sur elle-même pour se rapprocher de la cuticule du fruit, lequel tombe assez souvent quand il est ainsi *piqué*. C'est alors que la larve, âgée de quinze jours environ, le quitte pour se transformer en pupe dans le sol. Cette pupe de couleur jaune brun, en forme de barillet aplati, constituée par la peau de la larve, renfermera bientôt la nymphe dont l'état ne dure environ qu'une semaine, mais qui en demande trois, si l'on compte le temps que la larve met à se métamorphoser et celui dont a besoin la mouche enfermée dans la pupe pour raffermir ses téguments.

»La seconde génération, plus nombreuse, fera tomber de nouveaux fruits en plus grande quantité, et la troisième, plus nombreuse encore, en détruira bien davantage.

»Les fruits piqués et mis en magasin plus ou moins pourris sont abandonnés par les larves qui vont se transformer dans les recoins remplis de détritus et de poussière. Souvent les pupes se forment à l'intérieur des fruits plus ou moins fendus et desséchés, et ce sont surtout celles-là qui ne produiront la mouche qu'au printemps».

MOYENS DE LUTTE. — Une taille très sévère de l'Olivier, en supprimant une récolte, aurait pour effet certain, si cette opération s'étendait à un territoire assez vaste, de faire disparaître les Dacus ou tout au moins d'en réduire le nombre en telle proportion que les récoltes n'auraient plus à en souffrir pendant plusieurs années suivantes. A diverses reprises, les propriétaires provençaux ont proposé de provoquer une entente avec l'Italie afin d'agir simultanément sur tout le littoral méditerranéen. Ce serait là le moyen idéal, et il suffirait, sans doute, d'opérer ces tailles radicales tous les huit ou dix ans pour arriver au but. Mais il n'y faut guère songer : il serait assurément facile d'obtenir l'adhésion des gouvernements intéressés et de faire «décréter» la taille obligatoire pour une année déterminée; mais quant à faire «appliquer» cette mesure, ce serait une autre affaire et, tout au moins en France, on n'y arriverait certainement pas actuellement, et il convient de se borner à indiquer les méthodes susceptibles d'application immédiate.

Les mœurs de l'insecte étant bien connues, on ne devrait négliger aucun des moyens propres à entraver le plus possible son évolution.

On détruirait déjà un certain nombre de larves en faisant ramasser, pour les ébouillanter, les olives piquées tombées dès la fin du mois d'août, ainsi que le recommande M. V. MAYET(1). Malheureusement les olives piquées ne tombent pas toutes, il en reste assez sur les arbres pour assurer

(1) V. MAYET. — Loc. cit.

l'apparition de la deuxième génération. On peut toutefois conseiller — à défaut du ramassage que beaucoup d'oléiculteurs oublieraient de faire — de lâcher des porcs dans les olivettes à partir de la fin du mois d'août : autant d'olives fraîchement tombées ainsi utilisées, autant de foyers d'infection détruits.

Ce serait un utile complément des règles à suivre pour détruire le Dacus, et que dès 1826, Risso, de Nice, formulait ainsi : *Récolte hâtive ; broyage immédiat des olives ; incinération des balayures des magasins, greniers et moulins.*

La récolte hâtive, à elle seule, amène la destruction des neuf dixièmes des vers de l'olive. Lorsque, suivant un usage d'ailleurs déplorable pour la qualité de l'huile, on laisse les olives fermenter en tas, beaucoup des vers meurent soit que le fruit ait été cueilli trop tôt pour que leur transformation puisse se faire, soit qu'ils succombent à la fermentation ; ceux qui échappent à cette action sont broyés sous la meule. Et si le *Dacus* n'exerce que très rarement des ravages importants en Languedoc, c'est simplement parce que la récolte y est hâtive.

Dans les régions plus chaudes, où l'on n'a guère à se préoccuper des gelées d'hiver, dans les Alpes-Maritimes, la Rivière de Gênes, les îles de la Méditerranée, la récolte est, comme on l'a indiqué plus haut, beaucoup plus tardive, et le *Dacus* de la troisième génération a tout le temps d'évoluer. Si l'on admet qu'il est impossible d'avancer l'époque de la récolte, à cause de la nécessité du gaulage des arbres de grandes dimensions, on suppléerait dans une certaine mesure à cet inconvénient en ne laissant pas séjourner les olives en magasin et les portant de suite au moulin ; on détruirait encore ainsi bon nombre d'insectes non sortis du fruit.

C'est dans ces pays surtout qu'on devrait prendre grand soin de nettoyer assidûment les magasins, greniers et moulins où séjournent plus ou moins longtemps les olives.

«C'est principalement à l'époque de la récolte — écrivait déjà Risso — que les mouches quittent les olives, surtout lors-

que celles-ci sont entassées dans les greniers ; elles se changent en chrysalides dans la poussière et la crasse et au bout
de quelques jours l'insecte ailé en sort, développé par la chaleur assez forte qui y règne... Il me semble donc important,
pour combattre le mal dans sa naissance, de détruire avec
une grande attention les chrysalides et les mouches, de jeter
au feu les balayures des greniers des qu'on a enlevé les olives
et même avant, pour ne pas laisser aux mouches le temps
de prendre leur essor...».

Ces sages conseils ne sont à peu près jamais suivis, même
dans les quartiers qui ont le plus à souffrir des ravages du
Dacus. On y «cultive» en quelque sorte le ver en ne balayant jamais les magasins et les moulins. Les angles des
murailles, les recoins formés par les objets encombrants sont
trop souvent remplis d'une couche épaisse de détritus, en
grande partie formée des vieilles pupes du *Dacus*. En supprimant tous les ustensiles inutiles, en balayant les locaux
une fois par semaine par exemple et *en brûlant les balayures*,
on détruirait un nombre considérable des reproducteurs de
l'année suivante.

La Teigne mineuse (*Tinea* (*Prays*) *oleela* Fonscolombe).
— Plusieurs petits Lépidoptères atteignent l'Olivier. Sur la foi
de Fonscolombe (1), on a cru pendant longtemps que la petite
chenille mineuse qui vit entre les deux cuticules de la feuille
et celle qui ronge le noyau encore tendre du fruit appartenaient
à deux espèces différentes. On disait pour la première *Tinea
oleella* Fonscolombe, et pour la seconde *Tinea olivella* du même
auteur ; mais un naturaliste plus récent, STAINTON, s'est
aperçu que les deux papillons étaient fort semblables et que
l'on avait affaire à deux générations du même insecte, la première, qui, faute d'olive, mine la feuille en hiver pour se

(1) *Société ent. de France*, 1837, p. 179.

transformer au printemps, la seconde s'attaquant au fruit dès qu'il est formé, pour en sortir en septembre

«En ce qui me concerne — dit M. Peragallo — je puis certifier que de mes élevages provenant soit de noyaux d'olives tombées en septembre, soit des feuilles et des jeunes pousses en mars et avril, j'ai obtenu la même *Tineide* gris de fer aux ailes enroulées. Je puis certifier aussi que parmi les nombreuses chenilles qui, sous mes yeux, sont sorties des noyaux, les plus

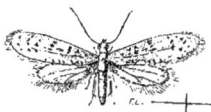

Teigne de l'olive.

grosses, les plus colorées en lie de vin se sont immédiatement transformées, mais que les plus jeunes n'ont pas hésité à se nourrir des jeunes feuilles d'olivier que je leur ai présentées».

La petite chenille est rase, d'un vert-brun, marbrée de taches lie de vin, la tête jaunâtre, les mandibules brunes, deux plaques noires écailleuses protègent le prothorax et les deux derniers anneaux de l'abdomen. En ce qui concerne la feuille, on aperçoit la petite larve par transparence dans le parenchyme, où elle trace des galeries sinueuses. La nymphose n'a pas lieu dans la feuille, comme c'est d'ordinaire le cas pour les espèces mineuses, mais au dehors, entre les feuilles de l'extrémité des pousses qu'elle relie avec des fils de soie. La chrysalide varie du vert au brun. En ce qui concerne le fruit, les œufs ont dû être déposés sur les bourgeons à

Dégâts de la Teigne de l'olive.

fleurs ; lorsque l'olive se noue, la petite chenille pénètre dans le noyau encore tendre et s'y établit. Devenue adulte en septembre, elle perce le noyau à son seul point vulnérable, celui où le fruit s'attache au pédoncule.

Le papillon est gris de fer, avec des taches noires sur les

ailes supérieures, celle-ci plus foncées à leur base, les
inférieures unies et d'un gris sombre ; la taille est de 5
millimètres sur 10 ou 11 d'envergure.

Le nombre des olives tombées par le fait de cette teigne
est parfois assez considérable, mais le mal n'est jamais aussi
grave que lorsqu'il s'agit du *Dacus*.

MOYENS DE LUTTE. — On peut, au printemps, dans les pays
où l'Olivier est taillé bas, rechercher en mars et brûler les
feuilles tarées, faciles à reconnaître à leurs taches irrégulières
d'un brun-jaune indiquant la présence de la chenille. Rien à
faire dans les pays où l'arbre atteint cinq à dix mètres.
On a proposé d'employer en pulvérisations une solution de
nicotine, très efficace contre les chenilles en général ; mais
celle-ci vivant *à l'intérieur de la feuille*, il paraît à peu près
impossible de l'y atteindre. En septembre, les porcs, que l'on
a conseillé de lâcher dans les olivettes pour manger sur le
sol les fruits attaqués par le *Dacus*, rendraient le même service pour ceux que la chenille mineuse a fait tomber.

Zellaria oleastrella (Millière). — Cette *Tinéïde*, observée
surtout par M. PERAGALLO, vit principalement sur les arbres
non greffés. La chenille fusiforme, d'un vert plus ou moins
obscur, avec des lignes longitudinales et la tête jaunâtre, attaque les feuilles nouvelles dont elle mange le revers ; après la
troisième mue, elle se réfugie dans une galerie filée entre les
gerçures de l'arbre et n'en sort que la nuit pour manger ; sa
vivacité est remarquable. La chrysalide est d'un brun-rougeâ-
tre ; le papillon gris foncé ou ardoisé, avec la tête blanchâtre
et les yeux gros et noirs. Rarement assez abondant dans les
olivettes pour être bien nuisible.

Boarmia umbraria (Millière). — Chenille cylindrique,
d'un gris brun un peu vineux. On la recueille en abondance
dans les draps lorsque l'on gaule les oliviers en février ou

mars. « Cette superbe *Boarmide* ne doit pas causer de graves
dégâts aux oliviers, dit M. MILLIÈRE (1), car elle grossit lentement et n'attaque que les feuilles anciennes des grands
arbres ».

La pyrale des feuilles (*Margarodes unionalis* Hubner).
— Cette pyrale dépose, à l'aisselle des feuilles de l'Olivier,
des œufs blanchâtres qui éclosent
quinze ou vingt jours après.

La chenille, d'un vert pâle, longue,
à l'âge adulte, de 2 c. 50, est nocturne;
elle forme, avec des feuilles réunies
par des fils de soie, une sorte de
fourreau dans lequel elle se tient ca-
chée pendant le jour. Il lui faut cinq à six semaines pour
arriver à la nymphose qui s'opère dans une fissure de l'écorce
où quelques fils grossiers sont tendus.

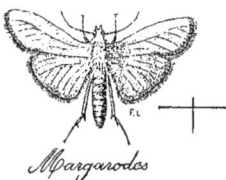

Le papillon, long d'environ 1 c. 50, est
d'un blanc soyeux, un peu irisé, les ailes
supérieures bordées de brun fauve. Les œufs
sont déposés à l'aisselle des rameaux.

Il est difficile de lutter contre cette pyrale,
qui échappe, le jour, aux recherches dans
son fourreau de feuilles et qui, heureusement, ne s'abat fortement sur l'Olivier que
lorsque les Jasminées à feuilles caduques
sont défeuillées.

Cependant, on pourrait essayer avec chances de succès un traitement arsenical.

Le mieux serait d'employer l'*arséniate de plomb*, qui ne
brûle pas les feuilles, mêlé à un peu de glucose. Ce produit
s'obtient par double décomposition. On mélange une solution

---

(1) MILLIÈRE. — *Iconographie*, 1859 à 1864.

L'OLIVIER.   14

d'arséniate de soude, 300 gr., et une solution d'acétate de plomb, 500 à 600 gr. Il se forme un précipité blanc très léger auquel on ajoute du glucose pour augmenter son adhésion, à raison d'un kilo par 100 litres d'eau. Une seule pulvérisation suffirait, pratiquée dès la première apparition des chenilles.

Le Thryps de l'Olivier (*Thrips* (*Phlœothrips*) *oleæ* Costa). — Petit insecte très allongé, d'un noir de fumée, long d'environ 2 millim., un peu aplati, aux ailes frangées en forme de plumes, aux pattes et antennes courtes, à l'abdomen pointu, se mouvant dans tous les sens comme celui des Staphylins.

Dès 1826, RISSO, de Nice, en avait parlé. FONSCOLOMBE, d'Aix (1835), ne le cite pas dans ses Insectes de l'Olivier ; l'insecte est, en effet, beaucoup plus répandu en Italie qu'en France. Les entomologistes de la Péninsule : PASSERINI, MAZZAROSA, TARGIONI, COSTA, l'ont tous cité.

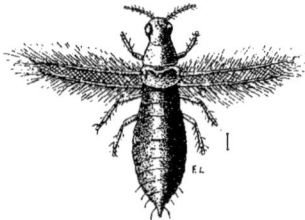

Thrips ou Barban.

L'insecte, comme tous ses congénères, passe l'hiver sous les feuilles sèches, dans les fissures de l'écorce et surtout dans les galeries que pratiquent dans les branches les rongeurs de bois dont il sera parlé plus loin. Le printemps venu, il quitte sa retraite et vient, non pas brouter les feuilles, ses mandibules étant trop faibles pour cela, mais en ronger la cuticule inférieure et le parenchyme. La feuille semble intacte, ayant conservé sa cuticule supérieure, mais elle s'est desséchée.

Le Thrips est commun dans les Alpes-Maritimes, où on le nomme *Barban*. Il a été signalé dans le Var, mais bien qu'il existe çà et là dans les Bouches-du-Rhône et les départements oléicoles de la rive droite du fleuve, on n'y parle pas de ses dégâts. Dans les environs de Nice, dit M. PERAGALLO, il est parfois assez nuisible dans les quartiers de Falicon et de la Mantega. Quand il est à l'état de larve, c'est-à-dire privé d'ailes, long de 1 millim. à peine et de teinte plus claire, on ne l'aperçoit pas et les feuilles se dessèchent sans qu'on puisse en saisir la cause.

MOYENS DE LUTTE. — M. TARGIONI a proposé d'employer contre cet insecte la fumée de tabac, de bitume, de soufre, de nitrobenzine, les lessives alcalines. Le traitement à l'arséniate de plomb, indiqué plus haut contre la pyrale, donnerait vraisemblablement aussi de bons résultats, si l'on arrivait à bien pulvériser le revers des feuilles. L'ASSERINI recommande de tailler l'arbre après la cueillette des olives, de passer un lait de chaux sur tous les recoins où l'insecte peut s'abriter et de *donner une fumure énergique à l'Olivier*. L'arbre vigoureux échappe bien mieux à l'insecte que celui qui est souffreteux, par la raison bien simple qu'il remplace rapidement la feuille attaquée par plusieurs autres.

Le Phlœotribe ou Neïron (*Phlœotribus oleæ* Latreille). — Ce petit Coléoptère, appartenant à la famille des Xylophages ou Mangeurs de bois, a, dès le siècle dernier, été signalé comme nuisible à l'Olivier.

«Les jeunes pousses — dit Fonscolombe — sont bien souvent endommagées par lui. Il les ronge soit sous forme de larve, soit sous forme d'insecte parfait. La pousse cernée, coupée à son origine, se flétrit, se dessèche et fait perdre l'espérance des années suivantes. Cet insecte est souvent un grand fléau redouté du propriétaire. Il est encore plus terrible lorsqu'après une mortalité, la souche de l'Olivier repousse de tous côtés des rejetons encore nouveaux et faibles. C'est principalement dans cette dernière circonstance que je l'ai observé».

Tous les entomologistes modernes pensent avec PERRIS (*Insectes du pin maritime*, 1863) que, sauf quelques rares exceptions, l'insecte mangeur de bois n'attaque les arbres que lorsqu'ils sont plus ou moins souffrants et affaiblis.

«L'Olivier — dit M. V. Mayet — n'échappe pas à cette règle. Si l'arbre végète dans de bonnes conditions, il n'aura pas à souffrir du Neïron; mais, s'il n'est ni biné ni fumé, si, planté sur des coteaux brûlés, dans un sol de faible épaisseur, il traverse des années exceptionnellement sèches telles que 1893, sa végétation sera compromise. Dès lors, le *Phlæotribus* et les autres Xylophages interviendront et pourront achever l'arbre, d'autant plus que l'espèce a plusieurs générations dans l'année et qu'après chacune d'elles l'affaiblissement du végétal est plus grand.

Phlæotribe.

»C'est souvent dès les mois de février et de mars que la première ponte s'observe. A la base des rameaux se montre un petit flocon de sciure blanche plus ou moins humide et visqueuse, suivant la vigueur de l'arbre et dissimulant un trou qui est l'orifice d'une galerie. Cette première galerie, droite et tracée dans le sens de la longueur de la branche, est courte. Elle se bifurque bientôt en deux galeries transversales contournant le rameau attaqué, l'entourant complètement s'il est de faible calibre et le faisant souvent se dessécher. L'insecte vivant par couples, la petite galerie droite, qui ne reçoit pas d'œufs, est tracée par la femelle seule, mais le mâle intervient dans la construction d'une des deux galeries transversales. La ponte opérée dans des petites entailles pratiquées pour chaque œuf à droite et à gauche, la femelle sort et le mâle vient mourir à l'entrée de la galerie, son corps entouré de sciure de bois constituant un bouchon à peu près hermétique.

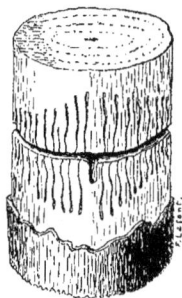

Galeries du Phlæotribe.

»Une seconde ponte est souvent opérée par la femelle. Dans ce cas, une seconde galerie est creusée, mais, une fois le petit corridor longitudinal tracé, il n'est établi qu'une seule galerie transversale, et, ses œufs déposés, la femelle vient, à son tour, mourir à l'entrée de l'orifice et l'obstruer de son corps.

»Les larves nées quelques jours après tracent dans le liber des sillons sinueux, perpendiculaires à la galerie de ponte, c'est-à-dire dans le sens de la longueur de la branche qui ne tarde pas à se des-

sécher en totalité ou en partie, si dès le début elle n'a pas été tuée
par l'établissement des galeries transversales. Ces larves sont courtes, charnues, apodes, de couleur blanche avec la tête rousse,
comme celles de tous les Xylophages et des Charançons, auxquels
certains naturalistes, du reste, rattachent nos mangeurs de bois.

»L'état larvaire dure une trentaine de jours, l'état de nymphe une
dizaine. En accordant dix jours de vie à l'insecte parfait, on peut
évaluer en moyenne à cinquante jours la durée d'une génération.
C'est du moins ce que nous ont démontré deux élevages successifs
sur branches fraîchement coupées, obtenus dans notre laboratoire.
La première génération s'est effectuée du 15 mars au 10 mai, la
seconde du 10 mai au 30 juin. La vie active des insectes étant d'environ huit mois, on peut évaluer à cinq le nombre des générations
annuelles.

»Les œufs pondus, approximativement évalués par nous, se sont
élevés à 50 ou 60 pour la première galerie, à 25 pour la seconde;
mettons 60 à 70 pour la totalité, car il n'y a pas toujours deux galeries de ponte. Sur ce nombre, il y a du déchet, beaucoup de larves
mourant faute de pouvoir tracer leurs galeries, celles de leurs voisines plus vigoureuses leur barrant le passage. On peut estimer à 50
les larves arrivant à la nymphose et à l'état parfait. C'est donc par
milliers que peut se chiffrer à l'automne la descendance d'une seule
pondeuse de printemps.

»L'insecte parfait du *Phlœotribus* est un petit coléoptère long de
1 mill. 50 à 2 mill , gris, couleur d'écorce, portant aux deux tiers de
ses élytres une bande brune transversale et dont les antennes ont
une conformation remarquable».

MOYENS DE LUTTE. — Le traitement à l'arséniate de plomb
paraît ici tout à fait indiqué; appliqué en temps opportun,
c'est-à-dire avant ou dès la première apparition du rongeur,
il offrirait de grandes chances de succès. Les bons soins de
culture : binages, fumure, irrigations si possible, sont aussi
d'excellents moyens de mettre l'Olivier en état de se défendre
des attaques du Neïron.

On devra également faire disparaître, au bout de quelque
temps, les bois de taille. On a vu, en effet, que l'insecte creu-
sait ses galeries de ponte dans les branches où la vie était
affaiblie. Les bois fraîchement coupés se trouvent dans des

conditions essentiellement favorables à cette ponte. Au début
de l'année, la cueillette des olives effectuée, les branches
de la taille de mars, mises en fagots, constituent autant de
pièges excellents pour attirer la presque totalité des pon-
deuses d'une région. On peut s'en convaincre en secouant, en
avril, un de ces fagots au-dessus d'une toile ; c'est même
le moyen le plus pratique pour se procurer l'insecte en
grande quantité.

On conçoit sans peine que, si le piège est bon, il peut facilement devenir un foyer d'infection. On devra donc enlever,
au plus tard un mois après la taille, ces fagots que l'on
voit si souvent séjourner dans les olivettes pendant plusieurs
mois. On devra aussi les *brûler*, car, les insectes éclosant fin
avril, la seconde génération se produirait non pas dans les
fagots qui commencent à se dessécher, mais dans les
branches des arbres sur pied.

L'Hylésine du frêne (*Hylesinus Fraxini* Fabricius). —
Les *Hylesinus* sont très voisins des *Phlœotribus*. Ils en diffèrent par la forme de leurs antennes. Les espèces qui composent le groupe sont assez nombreuses, trois vivent sur les
Conifères, plusieurs sur l'orme, le lentisque, etc., deux sur
les Jasminées, frêne, lilas, troène, olivier, etc. Leur mode
de ponte est semblable à celui du *Phlœotribus*.

L'espèce est très commune sur les frênes, de là son nom,
mais elle attaque fréquemment l'Olivier. Elle s'en prend non
pas aux rameaux et aux petites branches comme le *Phlœotribus*, mais aux branches maîtresses et même au tronc, quand
l'arbre souffre d'inculture ou de sécheresse.

L'Hylésine du frêne est long d'environ 3 millim., sa couleur
est le roux un peu cendré quand l'insecte est fraîchement
éclos, c'est-à-dire recouvert d'une fine pubescence. Ses élytres sont recouverts de marbrures brunes transversales irrégulières.

Les moyens de lutte sont les mêmes que pour l'espèce précédente. Ce ne sont plus les fagots de petites branches qui devront être enlevés des olivettes, mais les piles de bois provenant des arbres abattus.

L'Hylésine de l'Olivier (*Hylesinus oleiperda* Fabricius). — Cette petite espèce, par la taille et la forme du corps, est voisine du *Phlœotribus oleæ*; mais la forme de ses antennes l'a fait ranger dans le genre *Hylesinus*. La teinte de sa robe est le roux assez foncé sur la tête et le thorax, plus clair sur les élytres, principalement à la suture. Les mœurs rappellent celles des *Phlœotribus*, la galerie de ponte est identique; mais, d'après M. V. MAYET, on n'observe jamais *Hylésine.* cette ponte dans les bois de taille. Les branches incisées circulairement comme par le Neïron se dessèchent sur l'arbre.

Les attaques ne se produisent notablement qu'en mai ou juin; le nombre des générations, non encore observé, est sans doute moins considérable que chez le *Phlœotribus*; l'insecte est, en somme, moins répandu, partant moins à redouter.

MOYENS DE LUTTE. — En cas de grande multiplication, on pourra, avant la fin de juin, couper et brûler toutes les branches desséchées sur l'arbre. Essayer aussi les traitements à l'arséniate de plomb.

L'Otiorhynque (*Otiorhynchus meridionalis* Schœnher). — Les insectes qui composent le genre Otiorhynque sont des Coléoptères de la famille des Charançons qui coupent les jeunes pousses et incisent les feuilles déjà formées d'une façon toute particulière. La figure ci-jointe représente un rameau d'Olivier avec ces entailles caractéristiques.

L'insecte, qui les pratique la nuit, sans se laisser voir le jour, se tient du matin au soir enfoncé dans le sol. Vers huit heures il quitte sa retraite et s'attaque de préférence aux jeunes greffes dont on trouvera le matin les bourgeons coupés. Il ne se rencontre que dans la région de l'Olivier, encore n'est-il

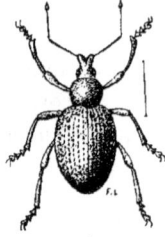

signalé ni de l'Orient, où nombre de ses congénères le remplacent, ni de l'Afrique du Nord.

Le *Chaplun*, nom qui est donné à cet insecte en Provence, est long de 7 à 9 millimètres, son corps est pyriforme, d'un noir mat, son bec court, élargi à l'extrémité, ses antennes coudées, ses élytres soudés, il est monté sur des pieds robustes, aux cuisses renflées et aux tarses dilatés, ce qui lui permet de monter avec agilité sur les arbres.

Otiorhynque.

MOYENS DE LUTTE. --- La larve grosse, charnue, apode, vivant souterrainement aux dépens des racines, c'est à elle que le pépiniériste soucieux du développement de ses greffons fera bien de s'adresser. Il la détruira au moyen du sulfure de carbone appliqué au pal, à la dose de 25 grammes par mètre carré. Quant à l'insecte parfait, on peut le ramasser en juin, époque de sa plus grande apparition. Mais il faut opérer la nuit, vers 9 ou 10 heures du soir, en plaçant sur le sol, sans bruit, un linge blanc ou un parapluie renversé; sans bruit,

Feuilles attaquées par l'Otiorhynque.

car l'insecte tombe au moindre choc, au moindre danger, tellement qu'on fera bien de n'approcher la lumière que lorsque la secousse aura été donnée. Mais un traitement à l'arséniate de plomb, plus pratique et plus simple, donnerait presque sûrement des résultats meilleurs que le ramassage, et on l'essaiera utilement partout où l'Olivier est fortement envahi par l'Otiorhynque.

Le petit charançon gris (*Peritelus Cremieri* Bohemann). — Les petits charançons composant le genre *Peritelus* ressemblent aux Otiorhynques. Ils sont polyphages, et plusieurs ont été, depuis longtemps, cités comme nuisibles aux arbres fruitiers. Deux espèces (*Peritelus Cremieri* et *P. Schœnherri*) attaquent l'Olivier et coupent les bourgeons, principalement ceux des greffons. Le plus fréquemment nuisible est une espèce italienne assez répandue en Provence.

Peritelus.

L'insecte est long de 5 millimètres environ sur 1 millimètre 50, autrement dit très allongé, d'un gris clair, à reflets ardoisés, les élytres ornés sur leur bord extérieur de quelques taches brunes allongées.

Comme chez les Otiorhynques, les mœurs sont nocturnes et on devra opérer les recherches à la lumière. Les *Peritelus* ne se laissent pas choir comme les Otiorhynques, on les récoltera facilement à la main sur les greffons. Essayer aussi le traitement à l'arséniate de plomb.

Le Cione du frêne (*Cionus Fraxini* de Geer). — On trouve encore un amateur de bourgeons tendres, autrement dit un ennemi des greffes, dans un petit charançon appartenant au nombreux genre *Cionus*. Cet insecte, dont l'aire géographique est vaste, vivant aussi bien dans le nord que dans le sud de l'Europe, attaque toutes les Jasminées ; on l'observe à Montpellier abondamment sur les *Phillyrea* et il eût pu porter le nom de l'Olivier comme il porte celui du frêne.

C'est un petit porte-bec aux formes trapues, long d'environ

3 millimètres, large de 2, dont le bec recourbé, assez long, est normalement replié sous le thorax. La robe est le gris un peu isabelle, avec des mouchetures blanches disposées en séries, une grande tache brune occupe le milieu des élytres. Quand on saisit l'animal, il replie bec, pattes et antennes, roule dans la main, faisant le mort pendant longtemps et on le prendrait pour quelque graine, ce qui lui permet d'échapper à la vue des oiseaux insectivores.

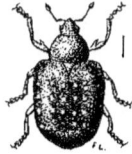

Cione.

D'après l'entomologiste de Nice déjà cité, il ne se contente pas de nuire aux greffes.

«Non seulement —dit M. Peragallo — son appétit le porte à dévorer les feuilles, mais on le voit encore, plongeant son rostre dans les tiges tendres et pleines de sucs, y causer des lésions qui amènent infailliblement la perte des feuilles et des fleurs que ces tiges devaient produire. J'ai constaté que d'avril à la fin de juillet il pouvait y avoir deux pontes et que la première était toujours faite sur les rejetons et les greffes

»La larve d'un jaune assez accusé, courte, apode, visqueuse, s'attaque à la partie blanchâtre du dessous des feuilles qu'elle dévore par place irrégulière, sans toucher toutefois à la cuticule supérieure verte et brillante. En dix ou douze jours cette larve a acquis tout son développement, elle se pose alors sur une feuille, rapproche sous elle les deux extrémités de son corps, se met en boule, perd sa couleur jaune, et sécrète une masse de viscosité. Celle-ci tourne au gris, puis au blanc, se dessèche et devient transparente. Après vingt-quatre heures on ne remarque plus qu'une coque ovalaire adhérente à la feuille et dans laquelle se meut librement la larve débarrassée de son enveloppe. On la voit travailler avec ses mandibules à épaissir, à arrondir et polir son berceau qui finit par acquérir une teinte ambrée. La matière gluante servant à confectionner la coque est excrétée par un mamelon rétractile situé à la partie supérieure du segment terminal de son abdomen, matière qui lui sert à se maintenir avec facilité sur les feuilles ou à se garantir de la pluie et du soleil. Puis devenue nymphe, elle se repose et se prépare à sa dernière transformation qui s'opère en huit à dix jours. C'est alors que l'insecte parfait commence à percer avec son rostre sa coque dans laquelle il découpe une calotte ou un segment sphérique parfaitement régulier.

»Le Cione se répand bientôt sur les feuilles, qu'il ronge à la manière des larves ou plus simplement par la tranche».

MOYENS DE LUTTE. — L'insecte hivernant à l'état parfait sous les écorces, dans les feuilles mortes bien abritées, c'est au mois d'avril qu'on le trouve. Les couples se rassemblent sur les rejetons, les jeunes pousses et surtout les greffes. Il est important d'empêcher la ponte. On s'emparera facilement de ces insectes en secouant les pousses dans un parapluie renversé, instrument familier aux entomologistes, mais qu'il serait à souhaiter de voir passer dans les mains des praticiens. Les traitements arsenicaux sont aussi tout indiqués.

La Cantharide (*Cantharis vesicatoria* Linné). — Cet insecte apparaît brusquement pendant l'été en essaims nombreux, qui s'abattent sur les frênes, dont ils broutent les feuilles, au point de faire, en 48 heures, de l'arbre le plus touffu un squelette. Mais bien des gens ignorent qu'à défaut de frênes et de lilas, la cantharide s'abat sur l'Olivier et peut, en quelques jours, le dépouiller complètement de ses feuilles. La récolte est alors forcément perdue.

Le cas s'est produit sur de nombreux points du département de l'Hérault, tels que les territoires de Cette, de Frontignan, de Montpellier, de Vendres et de Lespignan, près Béziers (1). BOMPARD, de Draguignan (2), parle de dégâts semblables observés dans le Var.

MOYENS DE LUTTE. — Le ramassage des insectes est d'autant

---

(1) V. MAYET. — *Loc. cit.*

(2) *Mémoire sur les insectes qui vivent aux dépens de l'Olivier.* Draguignan, 1848.

mieux indiqué qu'ils valent chez les droguistes de 10 à 20 fr. le kilo, suivant les régions ; la main-d'œuvre est ainsi largement payée. La récolte se fait de bon matin, en étendant un drap sous les arbres et en frappant les branches avec une masse. L'insecte, n'étant actif qu'aux heures chaudes du jour, tombe comme un hanneton. Pour bien préparer les cantharides, on les plonge dans du vinaigre assez concentré ; une fois mortes, on les fait sécher au four et de suite elles peuvent être vendues.

NOTE COMPLÉMENTAIRE

SUR LA FUMURE DES OLIVIERS

M. BRULLÉ, alors directeur de la Station agronomique de Nice, a rendu compte dans le *Journal d'agriculture pratique* (1889) d'expériences faites sous sa direction dans les Alpes-Maritimes.

Les engrais qui lui ont donné les meilleurs résultats sont les *chiffons de laine* et le *sulfate d'ammoniaque* ; d'autres engrais azotés, comme le nitrate de soude et le sang desséché, se sont montrés nettement inférieurs.

D'après les observations de M. Brullé, les chiffons de laine auraient agi surtout sur la végétation, tandis que le sulfate d'ammoniaque favorisait la fructification. Il y aurait donc avantage à associer ces deux engrais azotés, pour avoir des arbres à la fois très vigoureux et très fructifères.

Le même expérimentateur dit s'être bien trouvé de l'apport de sulfate de fer, à dose modérée, en mélange avec les autres engrais.

TABLE DES MATIÈRES

QUATRIÈME PARTIE

MALADIES ET INSECTES NUISIBLES

Montpellier. — Imprimerie Serre et Roumégous, rue Vieille Intendance.

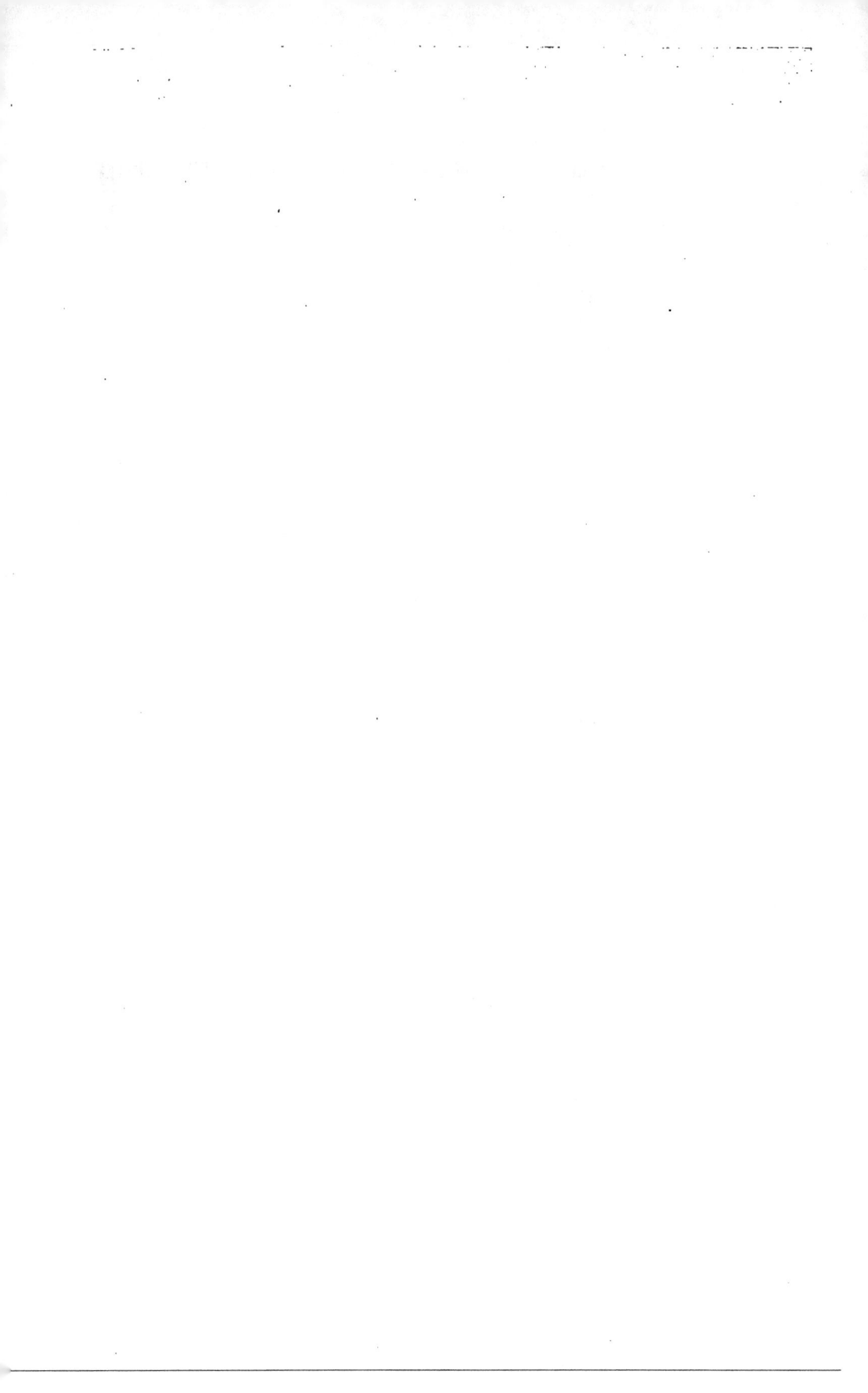

PUBLICATIONS DE LA LIBRAIRIE COULET & FILS, ÉDITEURS

BERNE (A.). — **Manuel d'Arboriculture fruitière**, par A. BERNE, jardinier en chef à l'École nationale d'agriculture de Montpellier. 1 vol. in-8 écu, avec 147 figures dans le texte et hors texte. Prix, 5 fr. Franco.. 5 fr. 50

CAILLE (L.). — **Les Engrais**. *Le Fumier de Ferme et les Engrais chimiques*, par L. CAILLE, professeur d'agriculture. 1 vol. in-8 écu d'environ 250 pages. Prix, 2 fr. 50. Franco.. 2 fr. 85

CHAUZIT et CHAPELLE. — **Traité d'agriculture méridionale**, par CHAUZIT et CHAPELLE, professeurs départementaux d'agriculture. Deuxième édition, revue et très augmentée. 1 vol. in-12. Prix, 3 fr. 50. Franco.............................. 4 fr

CONVERT (F.). — **Les Entreprises agricoles, Organisation, Direction** (*capital, travail et crédit*), par F. CONVERT, professeur à l'Institut national agronomique. 1 vol. in-12 de 480 pages. Prix, 4 fr. 50. Franco.......................... 5 fr.

DURAND (E.) — **Maladies de la Vigne. Flore et faune des parasites de la Vigne**, par E. DURAND, directeur de l'École d'agriculture d'Ecully. 1 vol. in-8 écu avec 55 figures dans le texte. Prix, 1 fr. 50. Franco............................. 1 fr. 75

FERROUILLAT (P.) et CHARVET (M.). — **Les Celliers**. Construction et matériel vinicole, avec la description des principaux celliers du Midi, du Bordelais, de la Bourgogne et de l'Algérie, par P. FERROUILLAT, directeur et professeur de génie rural à l'École nationale d'agriculture de Montpellier, et M. CHARVET, professeur de génie rural à l'École nationale d'agriculture de Grignon. 1 fort volume in-8, avec 46 planches en phototypie hors texte et 108 figures dans le texte. Prix, 18 fr. Franco poste . 19 fr. 50

FOEX (G.). — **Manuel pratique pour la reconstitution des vignobles méridionaux**, Vignes américaines, Submersion, Plantation dans les sables, par G. FOEX, inspecteur général de la viticulture, 6e édition, revue et considérablement augmentée. 1 vol. in-8 écu avec figures dans le texte. Prix, 4 fr. Franco................ 4 fr. 60

PULLIAT (V.). — **Les Raisins précoces pour le vin et la table**, par V. PULLIAT, professeur de viticulture à l'Institut national agronomique, précédé d'une préface de M. Guillon, directeur de la Station viticole de Cognac. 1 beau volume in-4, avec 26 planches hors texte, Prix, 7 fr. Franco.................................... 7 fr. 80

MAYET (V.). — **Les Insectes de la vigne et les moyens de les combattre**, par Valéry MAYET, professeur à l'École nationale d'agriculture de Montpellier. 1 vol. in-8, avec 4 planches, dont 3 en chromolithographie et nombreuses figures dans le texte. Prix, 10 fr. Franco... 11 fr.

HOUDAILLE (F.). — **Le Soleil et l'Agriculteur, avec un appendice sur la lune et les influences lunaires**, par F. HOUDAILLE, professeur de physique à l'École nationale d'agriculture de Montpellier. 1 vol. in-12 de 542 pages, avec figures dans le texte. Prix, 4 fr. 50. Franco... 5 fr.

LAGATU (H.) et SICARD (L.). — **Guide pratique et élémentaire pour l'analyse des terres et son utilisation agricole**, par H. LAGATU, professeur de chimie, et L. SICARD, chimiste à l'École nationale d'agriculture de Montpellier. 1 vol. in-8 écu, avec 5 planches lithographiques hors texte et 13 figures dans le texte. Prix, 6 fr. Franco.. 6 fr. 50

MAILLOT (E.) et LAMBERT (M). — **Traité sur le Ver à soie du Mûrier et sur le Mûrier**, par E. MAILLOT, ancien directeur, et M. LAMBERT, directeur de la Station séricicole à l'École d'agriculture de Montpellier. 1 vol. in-8 de 624 pages, avec 169 figures dans le texte et 3 planches hors texte. Prix, 10 fr. Franco............... 11 fr.

ROOS (L.). — **L'Industrie vinicole méridionale**, par L. ROOS, directeur de la Station œnologique de l'Hérault. 1 vol. in-8 écu, avec 5 planches en phototypie et 50 figures dans le texte. Prix, 5 fr. 50; franco.............................. 6 fr.

MONTPELLIER — IMPRIMERIE SERRE ET ROUMÉGOUS, RUE VIEILLE-INTENDANCE, 5

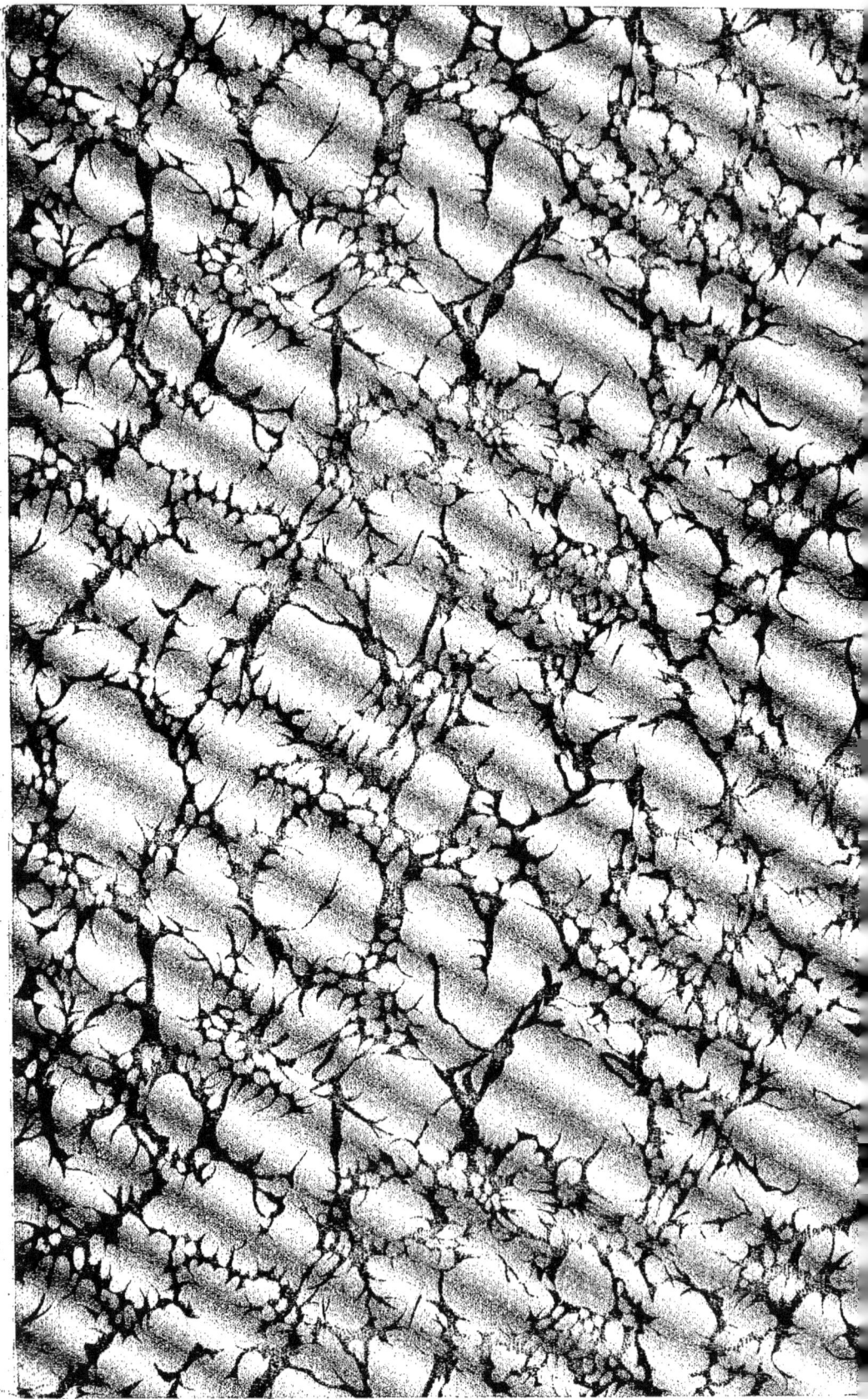

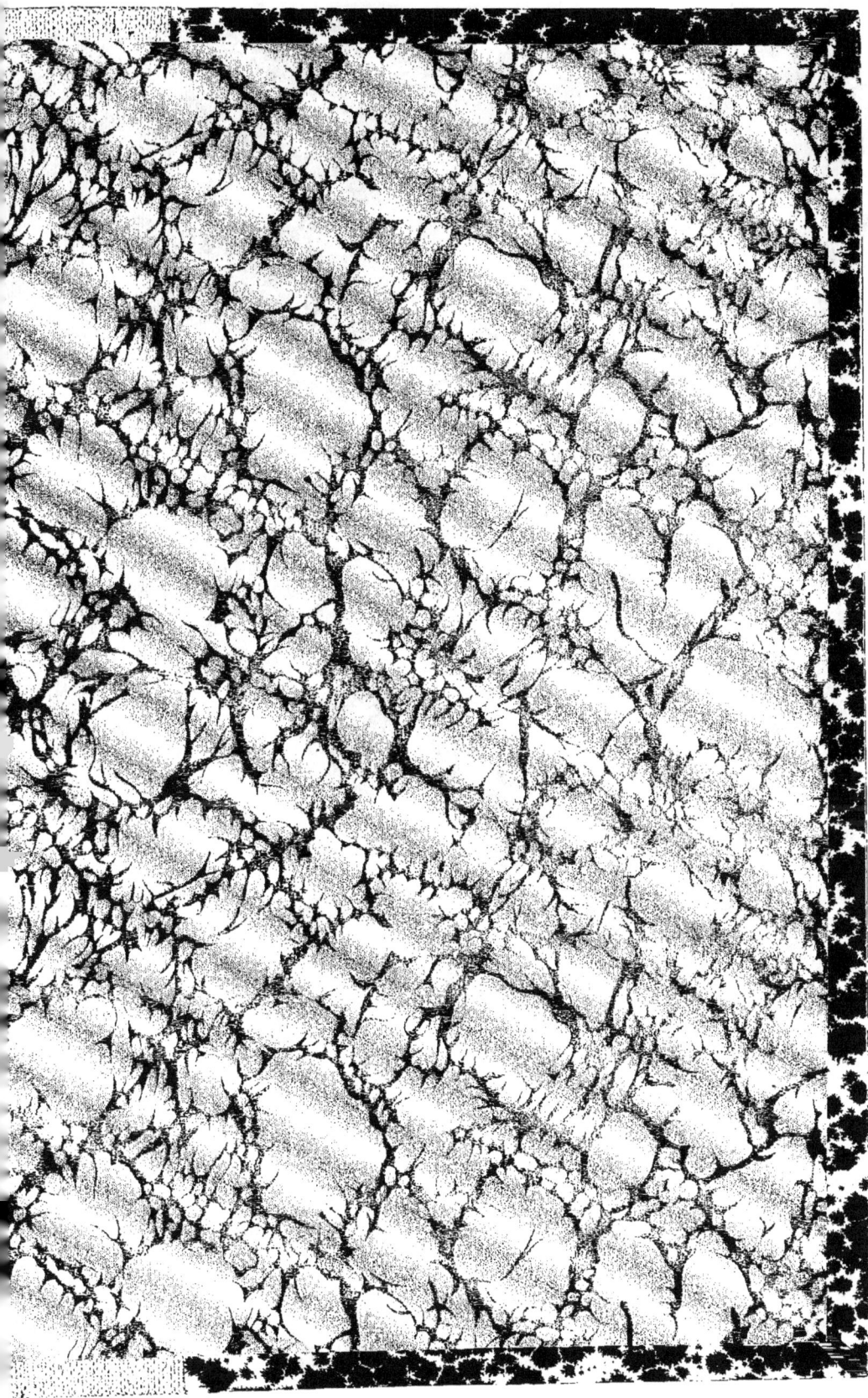

www.ingramcontent.com/pod-product-compliance
Lightning Source LLC
Chambersburg PA
CBHW071638200326
41519CB00012BA/2344